지능형 감시 로봇을 위한 멀티모달 센서 융합 기법

지능형 감시 로봇을 위한
멀티모달 센서 융합 기법

이 흥 규 著

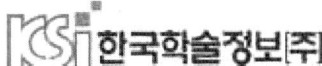 한국학술정보㈜

책 머리에

이 책은 인간의 시각 및 청각 인지 능력을 포함하는 멀티모달 센서 융합 프레임워크를 기반으로 지능형 감시 경계 로봇을 위한 탐지 및 인식기술을 소개한다. 기타, 로봇 제어부, 구동부, 통신부 등의 부분은 이 책의 범위에 포함되지 않는다. 목표물의 자동 탐지 및 인식 기술은 불순한 의도로 보안 구역을 침입하려는 자를 자동으로 검지하기 위한 수단으로 감시로봇을 지능화하는데 있어 중요한 요소이다. 자동감시업무를 수행하기 위한 센서로는 CCD 영상센서와 음향 (일차원 선형 마이크 어레이) 센서가 사용된다. 영상센서 및 음향센서를 이용해 물리적으로 구성된 시스템은 센서 간의 정보 융합을 위해 멀티모달 센서 융합 프레임워크를 도입했으며 다른 센서 및 장치 간의 효율적인 대화방식을 위해 응용 독립적 수행방식을 가질 수 있는 인터페이스 디자인을 제공한다. 또한 제시된 방식은 추후 시스템의 확장이나 변경을 쉽게 할 수 있는 구조를 가진다.

이 책에서 소개하는 시스템은 개념적으로 관측 부분, 인증 부분, 대화식 인터페이스 부분으로 구성된다. 관측 부분은 음향 탐지, 영상 탐지, 영상 추적 모듈을 구성된다. 인증부분은 음성기반 암호 인증 모듈로 구성된다. 마지막으로 대화식 인터페이스 부분은 음성인식 및 음성합성 모듈로 구성된다. 각 부분의 모듈들은 서로 유기적 결합을 위해 멀티모달 센서 융합 프레임워크상에서 센서 융합 및 정보 융합을 위한 협업작업을 수행한다.

센서 융합 기법은 동종센서 융합 기법 및 이종센서 융합 기법으로 구분된다. 동종센서 융합 기법은 동종의 다중센서로부터 획득된 중복적 지식 (redundant information)으로부터 신뢰적 지식을 유도하고, 단일센서로부터 획득된 다중의 특징벡터로부터 효율적인 정보를 추출해내기 위한 목적으로 사용되며, 속성 데이터 융합(attribute data fusion) 기법이 있다. 반면,

이종센서 융합 기법은 센서 간의 정렬 및 센서 모델링(sensor alignment and sensor modeling)을 통해 센서 네트워크를 구성하고, 다중의 이종센서로부터 획득된 상호 보완적 정보 (complementary information)들을 효율적으로 조합하기 위한 목적으로 사용되며, 의미론적 규칙기반의 융합(semantic rule-based fusion) 기법, 결정 융합 (decision fusion) 기법이 있다. 이 책에서 제시된 동종 센서 융합기법들은 시각 인지 기법 및 청각 인지 기법 단계에서 개별적으로 소개된다. 인간의 청각 인지 능력을 기반으로 설계된 이상음향 탐지 기술, 음성기반 암호 인증 기술, 음성인식 기술, 음성합성 기술들은 다중의 동종 음향센서들을 이용하여 단계별 융합을 수행한다. 또한, 인간의 시각 인지 능력을 기반으로 설계된 다중 물체의 검지 및 추적 기술도 독립적으로 단계별 융합을 수행한다. 이와 같이 개별적으로 처리된 기술은 이종센서 융합단계에서 각각의 추출된 정보를 기반으로 최종결정을 위한 결정 융합 기법을 수행한다. 각각의 기술은 특정 정보의 획득을 위해 구성된 수동센서(passive sensor)들이기 때문에 감지능력에 있어, 정보획득 능력의 한계를 가지고 있을 뿐만 아니라 정보 추출 및 분석의 한계를 가지고 있다. 따라서 이종센서 간의 융합 기법은 최종 결정을 위한 신뢰적 정보 추출을 목적으로 한다.

이 책에서는 멀티모달 센서 융합 프레임워크를 위한 전반적 구성 및 설계뿐만이 아니라, 각각의 모듈에서 고려해야 될 사항에 대한 문제제기 및 해결책을 제시한다. 즉, 시각 인지 기능 및 청각 인지 기능 시에 발생될 수 있는 몇 가지 문제점에 대한 제기와 함께 이를 보완하기 위한 알고리즘이 소개된다. 시각 인지 기능 부분에서 단독의 움직임을 가지는 오브젝트의 인식 및 추적 기술은 좋은 성능을 보여주고 있는 반면, 다중의 움직임을 가지는 오브젝트들을 인식 및 추적을 하고자 할 시에, 오브젝트 간의 폐색(Occlusion, 중첩현상)으로 인해 인식 및 추적 실패를 하는 경우가 발생한다. 따라서, 이를 해결하기 위해 부분 확률 모델(Partial Probability Model)

을 이용한 오브젝트 연관(Object Association) 기법 및 폐색 검지 (Occlusion Activity Detection) 기법 알고리즘이 소개된다. 또한 신뢰적인 다중 추적 기법을 위해 결합 확률 데이터 연관(Joint Probabilistic Data Association) 기법을 이용한 특징 기반 추적 기법이 소개된다. 두 번째로, 청각 인지 기능 부분의 문제점을 고려하면 다음과 같다. 인간의 청각 모델에 기반한 음성인식 및 음성합성 알고리즘이 인간과의 대화식 방식을 위한 도구로서 꾸준히 개발이 되고 있는 반면, 마이크로폰에서 떨어져서 발화 (distance-talking) 및 인식하는 기술이나, 먼 거리에서 발생한 음향을 탐지, 식별하는 기술에 관한 연구는 부족한 실정이다. 따라서, 이러한 부분을 보완하기 위해 이상음향 탐지 기법 및 음향 신호 강화 기법이 소개된다. 또한 사용자 인증기술을 위한 화자 독립 음성기반 암호 인증 알고리즘이 소개된다. 마지막으로 시각 인지기술 및 청각 인지 기술을 융합하기 위한 멀티모달 센서 융합 프레임워크인 시청각 인터페이스 모델이 소개된다. 마지막으로, 제시된 모델은 의미론적 규칙기반의 다중센서 데이터 융합 기법을 이용하며, 제시된 시스템의 우수성을 평가하기 위해 각 모듈을 구성하는 시각적, 청각적 인지 모듈들은 각각 평가 및 분석 되었다. 각 모듈은 외부의 일반적 자연환경에서 평가되었으며, 제시된 방식 및 알고리즘의 유용성을 입증한다.

목 차

표 목차

그림 목차

1. 멀티모달 센서 융합 기법의 개념

최근 컴퓨터 과학 기술의 질(quality)이 꾸준히 높아지면서 인간이 추구하고자 하는 삶의 방식에, 지능화된 컴퓨터, 가상현실, 컴퓨터 그래픽스, 지능형 로봇, 컴퓨터와 인간과의 대화식 방식 등을 도입해 풍요로운 삶을 살아가고자 하는 이상실현에 대한 욕구 및 꿈은 점점 가능해지고 있다. 특히, 인공지능, 컴퓨터 비젼, 음성인식/합성 기술, 멀티센서 기술들이 다양한 환경에서 특정한 작업을 수행하기 위해 연구 및 활용되면서, 이러한 꿈들은 조금씩 현실로 다가오고 있다[1] [2] [3] [4]. 예를 들어, 지능화 되어진 자동화 기술을 유용하게 만드는 효율적인 시스템, 위험한 지역에서 인간을 대신해서 동작할 수 있는 시스템, 인간과의 대화식 방식으로 운영 되어지는 시스템 등이 있다.

이 책에서는 이러한 기술들을 실현하기 위한 연구 분야 중, 멀티모달 사용자 인터페이스 분야 중에, 영상 및 음성 신호처리를 이용한 지능형 감시 경계 로봇 응용에 관한 내용을 소개한다. 멀티모달 사용자 인터페이스 분야에서는 다양한 이종의 다중센서들 간에 협업작업(cooperating work)을 하면서 특정한 장면을 자동으로 관측하고 현재의 상황을 분석, 판단하기 위한 중요한 연구들을 수행하고 있다. 특히, 센서와 관련된 연구분야에서는 단일의 센서나 동종센서를 이용해 낮은 수준(low-level, 전처리 단계), 중간 수준(mid-level, 특징벡터 추출 단계), 고수준(higher-level, 최종 결정 단계) 등 단계별 레벨에서 융합하는 방식으로 세분화 되어 활발한 연구가 진행되고 있다[5]. 반면, 이종의 다중센서 융합 기법은 여전히 도전적인 문제점들을 가지고 있다. 다중센서 융합 기법에서의 가장 핵심적인 사항은 인간처럼 다중의 센서로부터 각각 획득된 지식에서 무엇을, 어떻게 효율적으로 조합하는 것이 신뢰적 정보를 유도하는 방법이냐가 관건이다. 실제로 인간의 사물 인지 능력은 눈, 코, 입, 귀, 촉감과 같은 다중의 센서로부터 획득된 지식의 조합을 통해 현실세계를 인지한다는 것을 예로 입증할 수 있다. 따라서, 기계가 인간의 감지 능력에 도달하기 위해서는, 다중의 센서로부터 감지된 정보인 중복적, 상호보완적 정보를 서로 보상하여 신뢰적인 정보를 추출하기 위한 멀티모달 센서 융합 기법의 연구가 필요하다[6].

이 책에서는 인간의 사물 인지 능력에 대한 연구를 통해 얻어진 다중 (multiple)의 동종 센서 융합 기법 및 다중의 이종센서 융합 결과를 이용하여 시스템이 생물학적 특성이 반영된 컴퓨터 비전 능력 및 음성인식/합성 능력을 가질 수 있도록 설계한다. 또한, 설계된 시스템은 지능형 감시 경계 로봇을 응용의 최종 목적으로 한다.

지능형 감시 경계 로봇을 위해 우선, 인간의 시각 및 청각 인지 능력에 기반한 멀티모달 센서 융합 프레임워크를 구축한다. 멀티모달 센서 융합 프레임워크는 시스템을 보다 확장 가능하게 만들고, 융통적이며, 시스템 구축이 용이할 수 있는 구조로 설계된다. 또한, 센서들 간의 협업 작업이 쉽고 간결하게 동작할 수 있는 독립적 인터페이스 제공을 목적으로 한다. 이와 같이 멀티모달 센서 융합 프레임워크를 기반으로 설계된 지능형 감시 경계로봇 시스템은 지능형 감시체계로서 불순한 의도를 가지고 특정한 보안 구역을 침입하려는 자를 자동으로 검지 및 추적하기 위한 기능을 제공한다. 각각의 지능형 감시 경계로봇은 다양한 환경에 설치되어 특정 구역을 감시하고 관측된 결과를 중앙의 통제소로 전달함으로써, 각 지역의 경계상태를 중앙 관측소에서 분석 및 판단, 명령을 내릴 수 있게 한다.

그림 1-1.은 지능형 감시 경계 로봇 상에서 자동 탐지 및 추적을 위해 신뢰적 정보추출을 위한 멀티모달 센서 융합의 계층적 구조도를 나타낸다. 융합 방식은 크게 단일센서 융합단계, 동종센서 융합단계, 이종센서 융합단계의 순으로 적용된다. 시스템이 처음 시작되면 각각의 센서들은 자신 고유의

센싱 기능을 수행하기 때문에 단일센서 융합 기법이 가장먼저 적용된다. 단일센서 융합 기법으로는 다양한 종류의 특징벡터를 추출하여 이를 융합하기 위한 방식으로 속성 데이터 융합 (attribute data fusion) 방법이 적용된다. 다음으로 융합된 정보는 동종센서들 간에 다시 정보를 교환하여 상호 보완적 정보를 만들어 내는데, 이때 사용되는 방식이 정보 융합(information fusion) 기법이다. 이와 같이 동종의 다중센서를 이용한 융합 기법을 동종센서 융합(homogeneous sensor fusion) 기법이라 한다. 그러나 다중의 동종센서들을 사용했다고 해도, 센서자체의 특성 및 한계로 인해 관측할 수 없는 정보가 발생할 수 있기 때문에 완전한 정보를 제공하지는 못한다. 따라서, 다중의 이종센서로부터 획득된 정보를 이용하여 신뢰적인 정보를 만들어내는 작업이 필요한데, 이를 위한 기법이 이종센서 융합(heterogeneous sensor fusion) 기법이다. 이종센서 융합 기법으로는 의미론적 규칙기반의 융합 (semantic rule-based fusion) 기법, 결정 융합 (decision fusion) 기법이 있으며, 이종센서 융합 기법 내에서도 신뢰적인 정보를 추출하기 위해 속성 데이터 융합 기법 및 정보 융합 기법이 적용 될 수 있다.

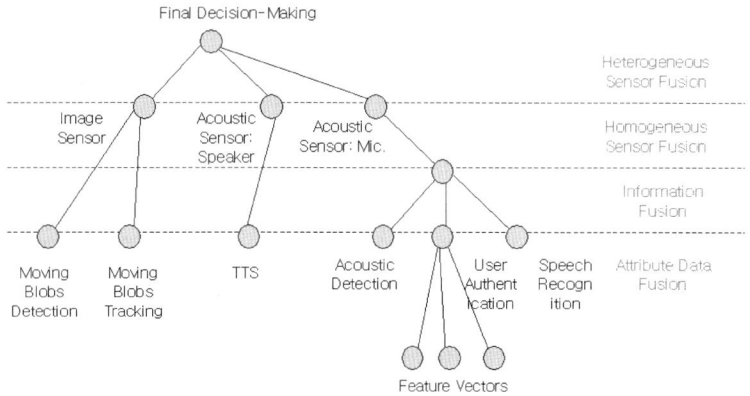

그림 1-1. 멀티모달 센서 융합단계 구조도

  지능형 감시 경계로봇 시스템은 로봇의 지능화를 위해 감시경계 영역 내에서 발생한 신호에 대한 감지, 분석, 판단, 처리능력을 최대화하기 위해 시각 및 청각 인지 능력을 이용한다. 시스템 지능화에 있어서 가장 중요한 것은 센서로부터 획득된 데이터를 가공 처리하여 실 세계를 어느 정도까지 정확하게 인지 하는 문제에 달려있다. 즉, 첫 번째는 어떠한 센서를 사용하여 정보를 획득 할 것인가? 하는 문제가 고려 되야 한다. 두 번째로는 획득된 신호로부터 사물을 인지하기 위해 어떠한 특징벡터를 추출해서 어떠한 인식 방식을 사용하여 사물을 정확히 인지할 것인가 하는 문제가 고려 되야 한다.

  이 책은 첫 번째 문제에 대한 해결책으로 영상 및 음향 센서들을 사용하였다. 지능형 감시 경계로봇에 장착 된 각각의 센서들은 시스템이 기동한 후, 최초에는 독립적 단일센서 융합 기법을 병렬적으로 수행한다. 시각 인지 능력을 위해 영상 센서가 사용되었고, 영상 센서를 사용하여 관측 범위 내의 움직임 검출[3], [9], [12] 및 추적 기능을[7], [8] 수행한다. 반면 청각 인지 능력을 위해 다중의 마이크로폰과 스피커가 사용되었고, 센서들의 조합으로 이상음향 탐지 및 식별 기술[10], [11], [13], 음성기반 암호 인증 기술, 음성인식 기술, 음성합성 기능을 수행한다. 이러한 다양한 기능들은 특정한 상황하에서만 적합한 성능을 발휘 할 수 있는 기능적 요소들이다. 따라서, 지능형 감시 경계로봇이 효율적으로 동작하기 위해서는 모듈간의 유기적 조합이 잘 이루어져야 한다. 먼저, 시스템을 보다 효율적, 신뢰적으로 하기 위한 첫 단계로 단일센서 융합 기법이 적용된다. 단일센서 융합 기법은 각각의 독립적 센서에서 고유의 센싱 처리를 수행하기 위해 적용되는 기법이다. 각각 처리된 센싱 정보들은 하나의 신뢰적인 정보 추출을 위해 다시 한번 융합이 되는데, 이를 위해 멀티모달 센서 융합 기법이 적용된다. 그림 1-2은 이와 같은 센싱, 분석, 판단, 처리 기능을 수행하기 위한 전체 시스템 블록 다이어그램을 나타낸다. 사용된 센서들은 모두 수동 센서(passive sensors)들이고 고유의 관측 값만을 획득하기 때문에, 최종 결정을 위한 신뇌적 정보를 획득하기 위해 그림에서와 같이 멀티모달 센서 융합 기법이 사용된다. 즉, 수동 센서로부터 획득 된 정보를 이용하여, 지능형 감시 경계로봇이 감지 및 분석된 상황에서 능동적으로 대처하기 위한 정보 추출 및 판단을 위한 기술이 적용된다는 의미이다.

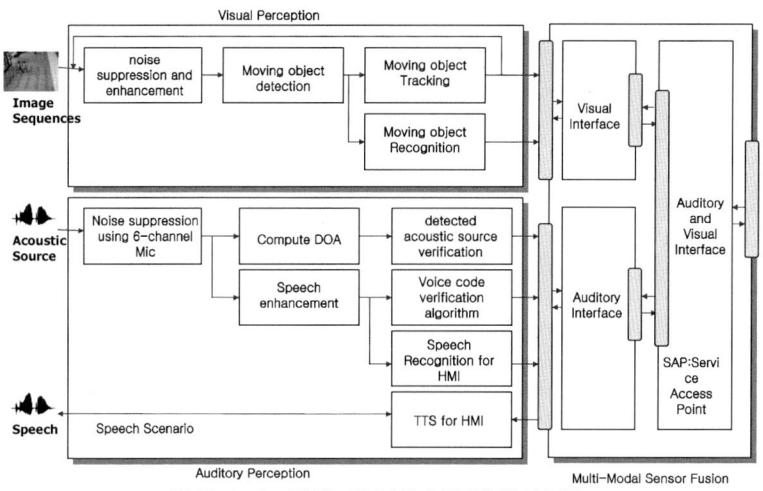

그림 1-2. 전체 시스템 블록다이어그램

지능형 감시경계 로봇의 수행 목적은 그림 1-3에서와 같이 개념적으로 관측, 인증, 대화 부문으로 분류할 수 있다. 관측 부문은 음향 탐지 및 식별 (Acoustic Detection and Verification), 영상 검지(Visual Detection), 영상 추적(Visual Tracking) 기능들을 담당한다. 인증 부문은 사용자의 신원을 확인하기 위한 음성기반 암호 인증(Voice Code Verification) 기능을 담당한다. 대화 부문은 검지된 사람에게 경고(Warning) 및 음성기반 암호 확인 등의 대화식 방식의 시스템 운영을 위한 기계 및 인간간의 대화식 음성 인식 및 음성합성 기능을 담당한다. 이러한 개념적 기능들의 구분은 시스템이 지능적으로 관측 및 탐지, 인지하기 위한 유기적 정보 교환 및 처리, 고유의 업무 수행을 목적으로 추상화된 의미론적 개념의 명령체계를 구성한다.

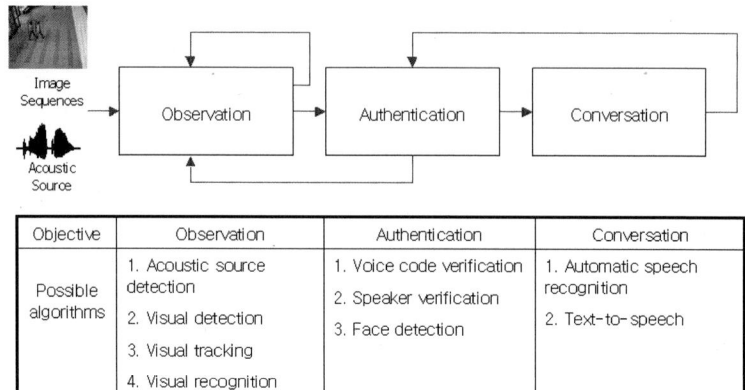

Objective	Observation	Authentication	Conversation
Possible algorithms	1. Acoustic source detection 2. Visual detection 3. Visual tracking 4. Visual recognition	1. Voice code verification 2. Speaker verification 3. Face detection	1. Automatic speech recognition 2. Text-to-speech

그림 1-3. 지능형 감시경계 로봇의 논리적 수행 목적 및 흐름도

각 부문들의 모듈별 처리에 대한 구성은 다음과 같이 각각의 자체적 고유 알고리즘을 통해 감시 경계 업무를 수행한다. 관측 부문은 크게 청각 검지 모듈과 시각 검지 모듈로 구성된다. 청각 검지 모듈은 주변 환경 잡음을 제거하고 주위에서 갑자기 발생하는 일정 수준의 에너지 레벨이 큰 신호를 검지한다. 에너지가 큰 신호를 획득하기 위해 끝점검출 알고리즘이 사용된다. 이때 발생한 신호의 위치가 어딘지를 계산하기 위해 검지된 음향신호의 방향을 추정(estimate)하고 검지된 신호가 이상음향(abnormal acoustic source) 신호인지를 식별하기 위해 이상음향 탐지 및 식별 알고리즘을 적용한다. 즉, 최종적으로 이상음향인지 자연적인 발생 음향인지를 판단하고 이상음향 일 경우에, 발생한 위치 정보를 정보융합 센터로 전달한다. 이러한 정보는 다시 시각 검지 모듈로 전달하여, 이상음향이 발생한 위치로 영상 센서를 이동시켜, 시각 인지기능을 적용하여 어떠한 물체가 음향신호를 발생했는지 보다 정확하게 인식 가능하게 만든다. 시각 검지 모듈은 일정 감시 영역 내(FOV: Field of View)에서 획득한 영상데이터 내에서 움직임이 있는 오브젝트를 검지한다. 이를 위해, 적응적인 배경 생성 모델을 만들고 배경 모델로부터 현재 프레임에서 획득된 영상의 차를 통해 움직임이 있는 부분을 검출한다. 움직임이 있다는 정보는 영상 시퀀스 내에서 칼라 값의 변화 (intensity variation)가 있는 부분을 말한다. 따라서 고정된 배경 영상의 칼라분포를 구한 후, 고정된 배경 위를 움직이며 칼라 값의 분포를 변화 시키는 영역은 물체가 움직이는 부분이라고 판단을 하는 것이다. 움직임이 많이 검출된 영역의 부분은 최소 경계 영역(MBR: minimum bounding rectangle) 조건을 사용하여 분류된다. 분류된 오브젝트들은 영상 정합 (image matching, or registration), 또는 뉴럴 네트워크(neural network)와 같은 알고리즘을 통해 인식된다. 또한 추적필터(Kalman Filter, IMM, PDA, JPDA etc.)를 이용한 특징기반 추적기법(feature based tracking), 영상정합(image matching or correlation)을 이용한 영역기반 추적(region based tracking) 기법 등등의 알고리즘에 의해 추적된다.

이와 같이 각각의 센서들은 독립적으로 수행을 하고 있다가 특정한 움직임을 검출했거나, 이상한 음향이 발생됐다고 판단되면 서로 정보 교환을 통해 사람이라고 판단되면, 최종적인 사용자 인증 단계로 들어선다. 사용자 인증 단계를 위해 음성기반 암호 인증 알고리즘이 적용된다. 감시 경계 영역 내에 특정한 인가자만 출입이 가능하다면, 얼굴 인식(face recognition), 지문인식(finger-print recognition) 알고리즘 등이 적용될 수도 있다. 그러나 이 책에서 소개하는 감시 영역 내는 인가된 사용자가 출입을 하는 것이 기본이나, 반듯이 등록된 자만 허가가 가능하다는 제한은 없는 경우이다. 따라서, 출입 인가를 받기 위한 암호만 알고 있다면 출입이 가능한 상황 하에서, 음성기반 암호 인증 기술만을 적용한다. 적용된 알고리즘은 문맥 요구형, 화자 독립 인증 방식(text-prompted speaker independent verification)을 제공한다. 인증을 위한 등록 과정 없이 발화된 음성의 텍스트가 맞는지를 확인하는 방식이다. 추후에 출입자들의 데이터베이스를 위해, 발화된 음성데이터, 스냅 샷된 영상 이미지가 데이터베이스에 저장될 수도 있을 것이다.

이러한 과정은 인간과 지능형 감시로봇과의 일련의 시나리오가 있어야 가능한데, 이를 쉽게 하기 위해 대화식 방법이 도입되었다. 대화 부분은 음성 인식 및 음성합성 기술을 이용하여 음성기반 암호 인증을 위한 절차를 설명하고 지시에 따르도록 한다. 또는 사용자의 명령을 인식해서 원하는 작업을 수행하거나, 경고 방송이나 자체의 위험을 알리기 위해 사용 될 수도 있다. 최종적으로 사용자 인증이 끝나면 인증된 결과를 중앙의 통제소로 보내어 관리자가 상황분석을 할 수 있도록 한다.

이 책에서는 시각 및 청각 인지 능력의 향상을 통해 시스템을 보다 신뢰적으로 만들 수 있도록 몇 가지 도전적인 문제들을 다룬다. 시각 인지 능력에 있어서, 단일의 목표물을 위한 검지, 인식, 추적기술은 어느 정도 안정적인 성능을 제공한다. 그러나 다중 목표물의 검지, 인식, 추적을 하는 문제에 있어서 움직이는 목표물의 일치성(coherence) 여부를 판단하고 지속적으로 추적(identity)하는 문제는 목표물 간의 움직임으로 인해 서로 중첩(또는 폐색, occlusion)될 수도 있고 다른 물체의 뒤쪽으로 사라졌다가 다시 나타나고 하는 등의 복잡한 시나리오를 가질 수 있다. 이러한 문제를 해결하기 위해 오브젝트 연관 기법 및 폐색 활성 검지 기법을 도입한다. 이러한 알고리즘들은 오브젝트 간의 폐색 시(during), 후(after)에도 신뢰적으로 추적이 가능하도록 특징벡터 추출을 가능하게 만든다. 또한 신뢰적인 다중 목표물 추적을 위해 결합 확률 데이터 연관 필터를(JPDA: Joint Probabilistic Data Association filter) 이용한 특징벡터 기반의 추적 알고리즘을 소개한다

청각 인지 능력에 있어서의 도전적인 문제점은 거리가 떨어진 곳에서 발화 할 경우 발생하는 음성 데이터의 왜곡 문제, 음향 탐지 및 식별 기술, 방향 추정 문제 등이 있다. 이러한 문제점들을 해결하기 위해, 잡음제거 및 신호 강화 알고리즘, 이상음향 탐지 및 식별 알고리즘 등을 도입한다. 또한 사용자 인증을 위한 기법으로 화자 종속의 발화된 음성을 인증하는 것이 아니라, 요구된 텍스트 데이터를 제대로 발화했는지를 인증하는 음성기반 암호

인증 알고리즘을 도입한다. 이와 같은 알고리즘들은 각각의 장에서 세부적으로 기술된다. 그리고 이러한 알고리즘들은 멀티모달 센서 융합 프레임워크상에서 통합되어 시스템이 지능화 될 수 있도록 유기적 결합을 구성한다.

이 책의 구성을 간단히 설명하면 다음과 같다. 2장에서는 제시된 시스템의 이해를 돕기 위해 생물학적으로 동기화된 센서 융합시스템을 기술한다. 3장에서는 청각 인지 능력을 위한 센서 융합기술을 다루고 4장에서는 시각 인지 능력을 위한 센서 융합기술을 다룬다. 이러한 시각 및 청각 인지 능력은 최종적인 결정을 위해 융합되는데, 이를 위한 멀티모달 센서 융합기술을 5장에서 기술한다. 또한 인간과의 원활한 대화식 방식을 지원하기 위한 대화식 인터페이스 방식을 기술한다. 마지막으로 6장에서 결론을 내린다.

2. 생물학적으로 동기화된 센서 융합 모델

이 장은 생물학적으로 동기화된 센서 융합 모델(biologically motivated sensor fusion model)의 개념을 소개한다[6] [53] [54]. 생물학적으로 동기화된 센서 융합 모델은 인간의 인지 능력에 기반으로 하고 있다. 여기서, 센서란 자연 환경으로부터 특정한 관측 정보(observation sequences)를 획득하기 위한 디바이스로서 정의 되며, 능동 센서(active sensor)와 수동 센서(passive sensor)로 구분된다. 센서의 능력 및 정확성은 검지, 인식, 추적을 위한 청각 및 시각 인지 기능의 성능을 증가시킬 수 있는 요소가 된다. 따라서 능동센서를 사용할 것인지, 수동센서를 사용할 것인지, 두 센서를 적절히 조합하여 시스템을 구성할 것인지는 어떠한 환경에서 사물을 감지할 것인지에 대한 환경적 정보 분석과 시스템 능력을 정의한 후 시스템의 지능화 관점에서 선택되어야 한다.

이러한 가정은 인간이 사물을 어떻게 인지하는지에 대한 방법을 분석해보면 알 수 있다. 인간이 사물을 인지하고자 할 경우, 시야(sight), 소리(sound), 냄새(smell), 맛(taste), 촉감(feel)을 측정하는 5가지의 감지센서를 모두 사용한다. 인간은 특정한 상황에 따라 5가지의 센서를 모두 사용할 수도 있고 단지 몇 개의 센서만을 사용할 수도 있다. 이것은 사물을 인지하는데 있어서, 몇 가지 센서 사용만으로도 가능한 경우에 한한다. 그러나 특정한 경우에는 모든 센서를 다 활용해야만 하는 경우도 있다. 예를 들어, 칠흑 같이 어두운 밤에, 산속을 걷고 있다고 가정하자. 이때, 앞의 나뭇가지나 돌 등을 피해가기 위해서는 시각에만 의존하는 것이 아니라, 모든 감각을 다 사용할 수 있다. 만약 사용된 센서가 손상됐다면 성능이나 정확성은 떨어지게 된다. 그리고 다른 센서만을 통해 사물을 인지하고자 한다. 경우에 따라서는 사물을 인지하는 능력이 떨어지는 경우가 발생을 하나, 아예 인지를 못하는 경우는 발생하지 않는다. 반면, 기존의 다른 센서의 정보획득 능력 및 분석 능력을 점점 발달시키곤 한다. 이러한 처리 능력은 인간이나 동물 모두에게서 쉽게 발견할 수 있다.

이와 같은 인간의 감지 능력을 분석해보면 알 수 있듯이, 기본적인 센서 융합의 목적은 주어진 환경하에서 신뢰적인 최종 결정을 내리기 위해, 각각의 센서로부터 획득된 중첩된 정보를 통해 신뢰성을 증가시키고, 각기 다른 정보들은 자체 선서의 한계를 보상하고 상호 보완적인 정보로써 획득된 지식을 조합하는 것이다. 이러한 이유로, 다중 센서를 사용하기 위해서는 먼저 획득된 지식을 효율적으로 조합하기 위한 센서 정렬 및 모델링(sensor alignment and modeling)이 고려되어야 한다. 이를 바탕으로 센서 네트워크(sensor network)를 구성해야 한다. 기본적인 프레임워크가 준비가 되었다면, 동종 센서, 이종 센서들을 활용해서 주어진 환경내의 상황을 정확히 인지 및 판단을 수행할 수 있도록 한다.

2.1 인지 능력을 위한 생물학적 센서 융합 모델

상황 인지(situation assessment) 단계는 제한된 정보의 관측, 결정적이지 않은(nondeterministic) 도메인의 특성, 주론(inference) 과정에서의 불확실성(ambiguity) 때문에 융합 단계에서 고유의 불확실성을 내포한다[5]. 대부분의 동물들은 상황 인지를 수행하기 위해 시각 및 청각적 정보와 같은 다중의 센서 데이터를 융합함으로써 환경을 감지하고 획득된 정보에 반응한다. 이러한 상황 인지 능력은 동물들에게 음식의 획득을 돕고 다른 동물에 의해 잡아 먹히지 않도록 도와줌으로써 종의 생존을 도와준다. 즉, 생물학적 시스템의 관측 및 처리 관점은 보다 효율적으로 상황 이해 개발을 지원하기 위해 센서 융합 모델을 포함한다. 따라서, 인공적 상황 인지 시스템 (artificial situation assessment system) 개발은 자연적 적응 및 처리 (environmental adaptation and process)를 위한 적절한 센서 시스템 개발을 요구하며 효율적인 최종 결정을 내리기 위한 방법에 있어서 효율적으로 획득된 정보를 융합하기 위한 모델 개발을 요구한다.

생물학적 상황 인지는 하나 또는 다중의 구체화된 센서에 의지한다. 예를 들어, 매는 먹이를 획득하는데 있어, 매우 먼 거리에서도 정교한 시각 검색 및 추적 능력을 통해 먹이를 낚아 채 날아가곤 한다. 반면, 개는 매와 같이 정교한 시각 검색 능력은 가지고 있지 않으나 훌륭한 후각 기능을 통해 먹이가 어디에 있는지를 쉽게 판단을 한다는 것이다. 이러한 동물들의 센싱 능력을 볼 때, 다중 센서 융합을 위해 시각, 청각, 후각, 미각, 촉각과 같은 5가지의 전통적 감각능력을 모두 포함할 필요는 없다. 주어진 상황과 목적에 따라 이에 가장 적절한 센서의 선택이 가장 중요시 된다. 나머지 추가로 선택된 센서들은 센서 정렬 및 네트워크를 통해 획득된 정보들을 조합하여 좀더 신뢰적인 정보 추출을 유도하는데 도움을 준다는 것이다.

즉, 개별적 센서기록 분석은 관측 정보의 애매모호성과 매우 지역적 해석 (local interpretation)을 가져온다. 개별적 센서들은 단지 제한된 관측 데이터와, 관측영역, 해상도, 정확성만을 제공하기 때문이다. 반면에 다중의 센서에 의존하는 생물학적 시스템을 보면, 센서들 간에 정보의 실마리를 제공하거나 독립된 센서로부터 제공된 상호 보완적 정보의 조합을 제공하는 융합 프로세스가 있다는 것이다. 여러 경우에 있어 다중의 센서 융합은 성공적인 결정을 위한 중요한 요소를 제공한다. 그러나 다중 센서 입력의 융합 처리방식은 센서들이 결정 프로세스를 효율적으로 특정화하기 위해 중복된 정보만을 제공한다면 불필요할지도 모른다.

2.2 청각 인지 기능을 이용한 센서 융합 접근방법

　인간과 인간 간의 인터페이스 또는 인간과 기계 간의 인터페이스를 위해, 음성 처리 기술은 화자와 청자 간의 정보를 전달하기 위한 수단으로 매우 유용한 도구이다[1]. 음성을 생성하고 인지하기 위해 사람의 귀와 입에 해당하는 음향 센서는 단일센서와 동종센서로 볼 수 있다. 즉, 두 개의 귀는 동종센서 융합 모델을 제시하며 귀와 입에 해당하는 융합 처리 프로세스는 이종센서 융합 모델을 제시한다. 다중 센서 융합 기술에서 센서 융합 방법은 이종센서 간이나 동종센서 간에 수행된다. 융합방식은 저수준 단계(low-level, preprocessing stage), 중간 단계(mid-level, feature level), 고수준 단계(higher-level, decision level)로 나뉘어 단계별로 적용 가능하다. 이와 같은 단계별 융합 레벨은 의미론적으로 구분해 놓은 것이며, 어떠한 센서를 사용했는지, 동종센서인지, 이종센서간 융합인지에 따라 융합 기법도 달라지고, 적용하는 레벨도 달라진다. 예로, 투표 결정방법(voting method)과 같은 알고리즘은 결정 단계의 융합 방식에서 이종의 다중센서가 사용될 때 일반적으로 적용된다. 반면, 뉴럴 네트워크와 같은 알고리즘도 결정단계의 융합 방식에서 사용할 수 있는 알고리즘이지만, 일반적으로 동종센서를 사용했을 때, 일반적으로 적용된다. 다른 예로, 센서 정렬이나 모델링이 동종의 다중센서를 이용해서 수행될 때는, 저수준 단계 및 특징추출 단계에서의 융합 방식이 적용되곤 한다. 음성신호 같은 경우, 두개의 마이크로폰을 사용한다면, 두 마이크로폰 간의 상호 연관관계(cross-correlation, coherence)를 이용하여 잡음을 제거하고, 음질 향상된 신호를 얻기 위해 저수준 단계에서 융합기법이 적용될 수 있다. 따라서 선택한 센서에 따라, 어떠한 단계에서 융합을 해야 하는지를 결정해야 한다.

　청각 인지를 위한 사람의 두 귀는 음향신호를 획득하기 위해 일정거리가 떨어진 부분에 위치를 하고 있다. 이러한 구성은 시스템에서 두 개의 마이크를 일정간격으로 떨어트려 위치시키고 처리하는 음성인식 기술로 볼 수 있다. 또한 사람의 입은 상대방에게 정보를 제공하기 위해 음성신호를 전달하는 역할로 시스템에서는 스피커의 역할을 한다.

첫 번째로, 두 개의 귀를 모방해서 처리하는 음성인식에 있어서, 잡음 제거(noise removal or suppression) 및 신호 강화(signal enhancement)를 위해 다중의 마이크로폰 어레이는 일정하지 않은 잡음(non-stationary noise)을 제거하고 신호를 강화하기 위해 저수준 단계에서 효율적으로 융합될 수 있다. 이러한 기술을 위해 빔포밍(beam-forming), 적응 신호처리(adaptive signal processing), 신원 불명의 신호를 분리하는 기법(BSS: blind source separation)과 같은 융합 알고리즘을 선택하여 적용 할 수 있다. 이러한 알고리즘들은 각각의 마이크로폰에서 획득된 지연(delay) 정보 및 통계학적 잡음의 차이 정보를 통해 잡음 신호를 제거하고 음성 신호만을 강화시킬 수 있는 중요한 정보를 제공하기 때문에 성능 향상을 가져 올 수가 있다. 이때 센서의 효율적인 사용을 위해 센서 정렬 및 모델링 기술은 중요한 융합단계의 시작점을 제공한다.

두 번째로, 사람의 입을 대신하는 음성합성 기술의 경우, 단순히 외부 세계로 정보를 전달하기 위한 목적이기 때문에, 융합 처리보다는 내부적인 처리에 더 의존한다. 일반적으로 단일의 센서만을 사용할 때, 센서 위치 및 모델링은 중요한 관건은 아니다. 만약 단독의 센서가 사용된다면, 속성 데이터 융합 방법은 다중의 특징벡터(multivariate feature vectors)를 활용하기 위한 알고리즘으로 적용될 수 있다. 획득된 저 단계의 신호들은 다양한 알고리즘을 활용해서 차별화될 수 있는 다양한 정보를 가지고 있기 때문이다. 이러한 처리를 위해 지역 특징벡터 분석(LFA: local feature analysis), 전역 특징벡터 분석(GFA: global feature analysis), 다차원 특징벡터 분석 알고리즘들은 특정단계에서 속성 데이터 융합 방법으로 선택될 수 있다. 예를 들어, 음성인식에서 계산된 누적 우도함수율 테스트(LRT: log-likelihood ratio test)를 수행하기 위해 신뢰성 측정(confidence measure) 함수는 각각의 단계에서의 특징벡터를 활용해 적용 가능하다. 따라서 다양한 신뢰성 측정 함수들은 최종적인 결정을 위해 융합될 수 있다. 이외에도 최종 결정함수를 위해 투표 방법(voting method), Dempster-Shafer, Bayesian 융합 방법들이 적용될 수 있다[5], [7].

2.3 시각 인지 기능을 이용한 센서 융합 접근방법

영상장면 이해는 매우 복잡한 프로세스이다. 영상 장면 내의 많은 상이한 오브젝트들은 서로 다른 위치, 서로 다른 조명 조건하에서, 다른 인지 관점을 가지고 동시적으로 그룹을 만들기도 한다[2], [3]. 생물학적으로 안구(retina)에서 장면의 특정 위치에 의해 코딩 된 장면 정보는 단순한 패턴 정보에 의해 피질(striate cortex)에서 표현된다. 그리고 추가적인 피질 지역(extra striate areas)에서보다 복잡한 구조로 모여들며, 고차원 단계에서의 오브젝트는 정보 변환 뉴론(neuron)의 복잡한 네트워크에서의 패턴 활성화로서 인코딩 된다. 이러한 점은 사물을 인지하고 구별하는데 있어 특징벡터를 민감하게 만드는 부분이다. 즉, 안구에서 중앙의 cortical 뉴론으로 이동함으로써 데이터 추상화의 레벨은 더욱 고차원 되는 반면, 패턴 위치에서의 정밀성은 감소하게 된다. 영상 장면에서 "어디에서"에서 "무엇을"으로의 의미론적 이동이 있음을 알수 있다.

시각 인지를 위한 물리적 센서 융합 방법으로 이종센서 융합 방식과 동종센서 융합 방식이 있다. 동종센서 융합 방식으로는 인간이 동종 센서인 두 개의 눈을 가지고 사물 인지 능력을 처리하듯이, 인간의 시각 감지능력을 모방하고 동종센서의 특성을 활용하는 스테레오 비젼(stereo vision) 연구분야가 있다. 그렇지만, CCD 영상 센서는 야간에는 장면을 분간하기 힘들다는 단점을 가진다. 따라서 적외선 센서와 영상센서를 융합하는 이종센서 융합 방식의 사용은 야간에도 정보를 신뢰적으로 획득하기 위해 적용될 수 있다. 그렇지만, 최근 CMOS 센서를 이용한 초저도 카메라의 개발 및 역광보정 (wide dynamic range compensation), 영상 향상(image enhancement) 알고리즘의 개발로 인해, 어느 정도의 빛이 있는 공간에서는 야간에서도 동종센서를 활용한 구성으로, 적외선 센서를 사용할 때의 고비용 문제를 해결하고 있다. 그러나 이러한 현재의 기술 개발이 빛이 거의 없는 상황에서는 효력이 없기 때문에 적외선 센서의 사용은 아직도 관심대상이다. 따라서 CCD센서와 적외선 센서와 같은 이종센서를 사용할 때의 고려사항을 살펴보면 다음과 같다. 이종의 영상센서가 사용될 때, 센서의 해상도는 다르기 때문에 획득된 영상의 해상도도 다르다. 이를 보정하기 위해 영상 정합 (image registration) 및 정렬(alignment) 알고리즘은 하나의 동일 장면으로 나타내기 위해 중복된 영역의 부분과 상호 보완적인 영역의 정보를 융합함으로써 신뢰적인 정보 추출을 위해 적용된다. 이때, 저수준 단계, 특징벡터 추출 단계, 결정 단계에서 융합 방식 적용을 고려할 수 있다. 반면, CCD 영상센서와 같이 동종의 센서들만 사용된다면 이미지 모자익(image mosaic) 알고리즘과 같은 기술 적용을 통해 관측범위의 확장을 가져올 수 있다. 또한 이종센서 융합 방법에서처럼 저수준 단계, 특징벡터 추출 단계, 중간 차원 분석 단계, 결정 단계에서의 융합 방식도 고려 될 수 있다.

2.4 데이터 융합 자동화

　데이터 융합의 최종 목표는 데이터 처리 방식의 목표처럼 다중의 센서로부터 획득된 데이터를 유용한 정보로 변환하고자 하는 것이다. 이러한 목적의 데이터 융합 자동화 프로세스는 두 단계의 처리 과정을 포함한다[4].

첫 번째로, 문제 해결 패러다임(problem-solving paradigm)은 광의의 범위의 후보 접근방법에서 선택해야 한다. 두 번째로 선택된 특정한 알고리즘은 선택된 패러다임을 기반으로 안정적인 성능 획득을 위해 요구된 레벨을 성취하도록 개발되어야 한다. 그림 2-1은 데이터 융합 자동화를 위해 데이터 융합 프로세스의 단계별 기능 모델을 보여준다. 이 모델은 JDL(joint directors of laboratories (JDL) technical panel for C3I)의 데이터 융합 그룹에 의해 개발되었다. 오브젝트 정제 모델(object refinement model)은 전형적으로 분석 프로세스에서의 첫 번째 단계를 나타낸다. 이것은 오브젝트 검지, 알려진 오브젝트가 있을 때의 새로이 발견된 검지물의 연관, 오브젝트 속성의 정제, 오브젝트 타입 분류 및 식별 기술과 연관이 된다. 상황 정제 모델(situation refinement model)은 정보 부족이나 에러 발생이 쉬운 관측 공간을 보상하기 위해 레벨 1에 의해 생산된 상황 기술 요약 단계, 완전성, 일관성 등을 확장하고 향상시킨다. 위협 정제 모델(threat assessment model)은 잠재적인 적의 의도를 확인하고 현재의 상황분석에 기반해 대응하기 위한 기술이다. 프로세스 정제 모델(process refinement model)은 수집 및 분석 자원의 전역적인 컨트롤을 지원하기 위해 기능적 목적의 집합에 의해 전반적 융합 시스템의 성능을 최적화하고자 하는 것이다.

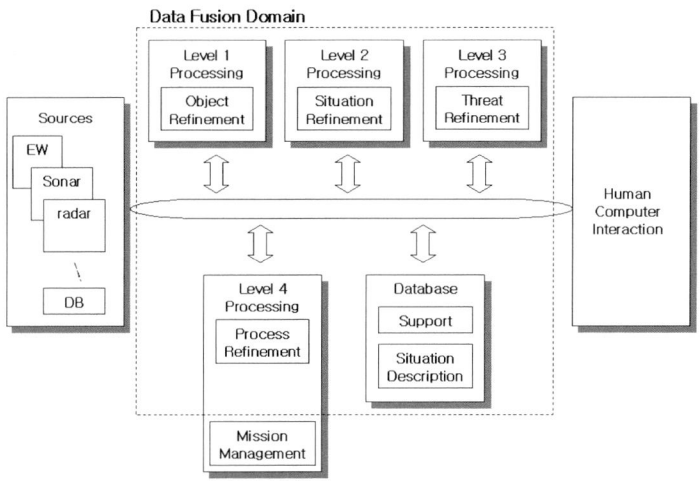

그림 2-1. 데이터 융합 프로세스 모델

　데이터 융합 프로세스는[4] 본질적으로 그림 2-2에서와 같이 획득된 정보의 저장, 가공을 위해 지식의 상호작용을 요구한다. 단기간(short-term), 중간기간(mid-term), 장기간(long-term)의 선언적 지식 및 장기간 단계적 지식 간의 정보 교환을 수행한다. 센서 데이터는 융합 시스템의 단기간 지식을 표현한다. 반면, 상대적으로 정적인 실체적, 단계적 지식 기반은 장기간 지식을 표현한다. 지식은 문맥 종속(context-sensitive), 문맥 비종속(context-insensitive) 사실일 수 있다. 문맥이란 특정 도메인이나 환경에 의해 부여된 현재의 상황이나 제약의 상태로 기인 되 존재하는 묵시적 의존성이나 조건을 나타낸다. 따라서 문맥 종속 지식은 묵시적으로 현재의 상황 인지, 주요하지 않은 센서들의 출력 (대기 센서 또는 환경 센서), 센서로부터 유도되지 않은 지식에 기반한다. 문맥 종속 지식은 다시 문맥 특정적 지식과 문맥 정규적 지식으로 구분될 수 있다. 문맥 비종속 지식은 묵시적 조건을 가지지 않고 처리되는 정보를 말한다. 문맥 비종속 지식은 다시 일반적 지식과 문맥에 자유로운 지식으로 분류된다.

지식(knowledge)은 단계적 지식(procedural knowledge)을 사용하여 최종 결정을 만들기 위해 유도된다. 단계적 지식은 연관된 컨트롤 지식과 함께 장기간 선언 지식으로서 다루어질 것이다. 장기간 선언 지식은 특정적 또는 일반적 지식으로 구분될 수 있다. 특정적 장기간 선언 지식(specific long-term declarative knowledge)은 기본적으로 모델기반의 추론을 사용하지 않는다. 따라서 특정적 장기간 선언 지식은 고정된 또는 정적인 사실, 변형(transformation), 필터 전달 함수와 같은 템플릿, 결정 트리 (decision tree), 명시적 관계 집합, 오브젝트 속성 등과 같은 것을 표현한다. 반면, 일반적 장기간 선언 지식(general long-term declarative knowledge)은 모델기반의 추론 접근 방법에 기반을 둔다. 따라서 일반적 장기간 선언 지식은 개별적 속성값을 특성화 하고 속성 간의 관계를 특성화한다. 생산 규칙 조건 집합, 파라메트릭 모델(parametric model), 의미론적 제약 집합 등은 일반적 장기간 선언 지식의 예라고 볼 수 있다.

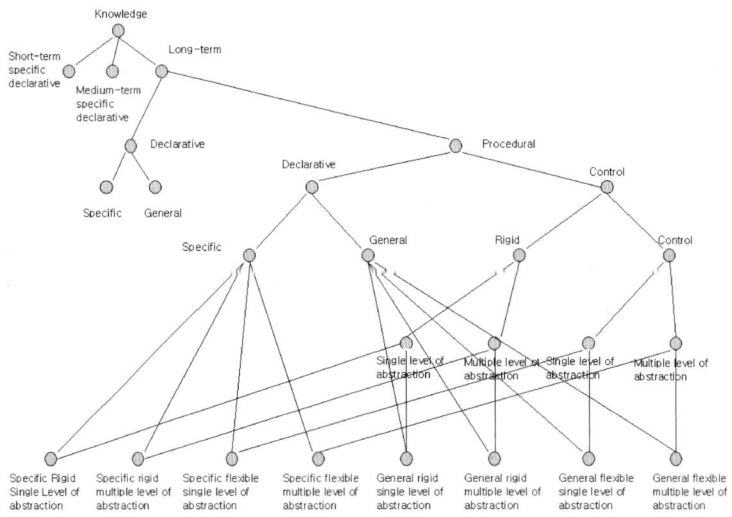

그림 2-2. 생물학적으로 동기화된 지식 분류구조

3. 청각 인지 능력을 위한 센서 융합 기법

본 장은 청각 인지 능력을 위한 센서 융합 기법을 기술한다. 신뢰적인 관측, 인증, 대화식 방식을 위해 이상음향 탐지 알고리즘, 음성기반 암호 인증 알고리즘, 음성 기반 대화식 에이전트 기술들은 융합기법 관점에서 소개 및 기술된다.

3.1 이상음향 탐지 기법

3.1.1 이상음향 탐지를 위한 동종센서 융합 기법

네트워크 통신 환경이나 원격 회의 시스템과 같은 분야에서의 최근 요구 사항은 원하는 방향에서의 음향을 탐지하여 이를 알려주는 기술이다 [14] [15] [16]. 또한, 특정지역을 모니터링 하는 감시시스템의 경우, 영상 센서가 감지 못하는 부분이나 야간, 장애물로 인해 탐지가 불가능할 경우에 음향 탐지 기능으로 이를 대치할 수 있는 기술을 요구한다. 예를 들어, 불순한 의도로 특정한 구역을 침입하는 자는 특정구역을 침입하기 위해 위장을 하고 벽을 넘거나 철책을 끊은 뒤에 방어벽을 통과하려고 할 것이다. 대부분 보안이 취약한 야간에 침투를 하게 되는데 영상 센서만으론 이를 효율적으로 탐지하는 데 한계를 가질 수밖에 없다. 따라서 이러한 취약점을 보완하기 위한 방식으로 이상음향 탐지 기법이 적용 될 수 있다. 예를 들어, 영상 센서가 주위를 감시하기 위해 회전을 하는 동안, 침입자는 센서의 시야에서 벗어나는 때를 기다렸다가 침투하게 된다. 이러한 상황하에서 음향 탐지 기법은 침입자의 발자국소리나 목소리를 탐지하는 대치 수단으로 활용된다. 이러한 상황이 일어날 수 있는 분야로는 군이나, 특수 보안 구역 등을 예로 들수 있는데, 대부분 24시간 보초병이 감시 근무를 서고 있다. 이러한 작업은 많은 부담과 노력을 들여야 하는 힘든 일이기 때문에, 보초병을 대치하기 위한 수단으로 지능형 감시 경계 로봇이 대안으로 떠올랐다.

이상음향 탐지 작업을 수행하기 위해서, 마이크로폰 어레이를 이용한 동종센서 융합 기법은 획득된 음향의 방향 및 좌표계를 계산하기 위해 적용될수 있다. 여기서 이상음향이란 인간의 음성 소리나 인간이 인위적으로 만들게 되는 각종 신호로 정의될 수 있다. 적용된 동종센서 융합기법은 저수준단계에서 마이크로폰 어레이로부터 획득된 신호로부터 각각의 마이크로폰에 도달하는 신호들간의 일치성 여부 판단을 통한 시간차 및 상호상관 정보를 통해, 잡음제거 및 방향추정을 수행 한다. 그러나 방향추정의 정확도는 외부 실제 환경에서 많은 에러를 포함하고 있다. 실제 외부환경에서는 자연환경에서 발생할 수 있는 모든 잡음환경에 노출되어 있기 때문에 획득된 신호가 순수한 신호만이 아니라, 잡음에 오염된 신호이기 때문이다. 따라서 마이크로폰 각각의 신호 간의 정합방식을 위해 사용하는 상호상관계수(cross-correlation)를 이용하여 시간지연 차를 계산하는 방식은 많은 에러를 유발한다. 현재의 기술로 볼 때, 마이크로폰에 획득된 각각의 정합을 위해 사용하는 기술이 상호상관계수를 이용한 방식이 대부분이고, 이에 대한 다른 방법의 시도는 연구되고 있으나 만족스럽지 못한 상태이다. 따라서 기존의 방식인 상호상관계수를 이용하는 방식을 사용하되, 이를 보완하기 위한 기술이 필요하다. 이러한 방식들 중 하나로 끝점검출(End-point Detection) 기술이 도입된다. 끝점검출 기술은 획득된 신호의 처음구간과 마지막 구간을 검출하는 기술이다. 기존 방식에서처럼 획득된 모든 신호는 일정 프레임을 가지는 시간마다, 신호에 대한 일치성(coherence)을 계산하기 위한 작업을 수행하는 것이 아니라, 끝점검출에 의해 발생되는 신호가 검지되면 검지된

신호만을 대상으로 신호 간의 일치성 계산을 통해 시간지연 차를 구하는 것
이다. 시간지연 차를 구하게 되면 이를 통해 음원이 발생한 방향을 추정할
수 있다.

　방향에 대한 정보를 계산했다면 획득된 신호가 이상음향인지 아닌지를 판
단을 해야 한다. 끝점검출에 의해 검지된 신호가 외부의 자연환경에서 급작
스럽게 발생한 신호일 수도 있기 때문에, 검지된 신호의 타입을 분류할 필요
가 있다. 이상음향 탐지를 위해 두 가지 부류의 신호를 정의할 수 있다. 일
반 자연환경 음향과 이상음향으로 구분할 수 있는데, 일반 자연환경 음향은
바람소리, 새소리, 천둥소리, 파도소리를 나타내고 이상음향이라는 것은 이
러한 신호를 제외한 모든 신호로 분류된다. 이상음향은 정의된 바와 같이 인
간의 음성이나 인간이 인위적으로 만들어낸 소리인데, 침입을 위해 철책을
끊는 소리나 발자국소리, 벽을 부수는 소리 등 많은 경우의 수가 있을 것이
다. 일반적으로 인식이나 분류 문제의 경우, 원하는 신호를 인식이나 분류하
기 위해 해당 신호에 대한 데이터베이스를 구축한 뒤, 이를 훈련을 통해 모
델을 만들고 테스트 신호가 해당 모델에 일치하는지는 검증하게 된다. 그러
나 이상음향이라고 간주할 수 있는 클래스는 무수히 많고 훈련을 위한 데이
터 수집도 매우 어렵기 때문에, 일반적인 접근방법이 어렵다. 따라서, 반대
의 경우를 고려한 뒤, 정상적으로 분류된 신호를 거절하는 기법을 도입한다.
즉, 일반적인 자연환경음향 데이터베이스를 수집하여 이를 훈련을 하고 검
지된 신호가 자연환경 음향모델인지를 확인하는 것이다. 만약 자연환경 음
향모델이 아닌 경우, 이를 이상음향으로 판단하는 기법을 도입한다.

　본 장에서는 정상적 음향모델의 범위를 벗어나는 신호를 거절하기 위한
기법을 소개한다. 이 기법은 최상위 N개의 우도(Likelihood) 함수를 가지는
값을 기준으로 신뢰성 테스트를 수행하는 기법이다[17] [18]. 그림 3-1은
시스템의 블록 다이어그램을 나타낸다. 계속적인 수행을 위해 이상음향 검
지 알고리즘은 반복적인 루프를 가지고 있음을 알 수 있다.

40

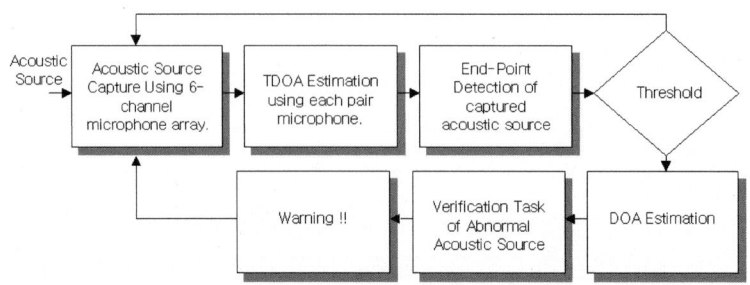

그림 3-1. 이상음향 탐지를 위한 시스템 블록다이어그램

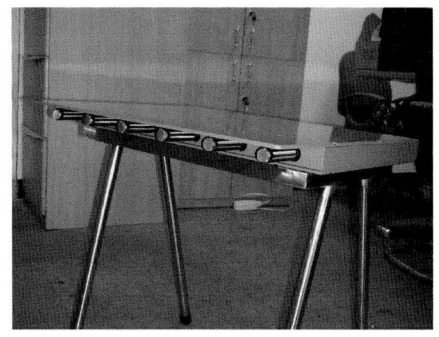

그림 3-2. 이상음향 탐지를 위한 이상음향탐지 장치

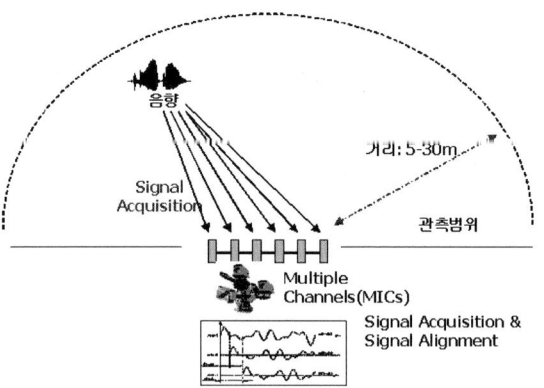

그림 3-3. 이상음향 탐지를 위한 관측범위 및 구성

3.1.2 이상음향 검지 기법

이상음향 탐지를 위해 그림 3-2에서와 같이 6개의 마이크로폰으로 구성된 일차원 선형 어레이 구조가 사용된다. 이상음향 탐지기는 그림 3-3에서와 같이 30m이내의 전방 180도 범위내의 음원을 탐지하기 위한 수단으로 사용된다. 30m 이내의 음원을 획득하기 위해 초지향성 마이크로폰이 사용되었으며, 개발된 DSP보드 상의 음원 코덱에 증폭기를 추가로 개발을 해서 먼 거리상에서도 음원 획득이 가능토록 하드웨어를 구성하였다. 먼저, 구성된 하드웨어를 기반으로 획득된 신호에서 방향 추정의 정확성을 높이고 정상적 환경에서의 일반 환경음에 대한 계산을 수행하지 않기 위해 다음과 같이 끝점검출을 도입한다. 에너지 기반의 끝점검출 루틴은 주어진 장소나 상황에서 갑작스럽게 발생한 음향 신호만을 탐지하게 만듦으로써, 불필요한 계산량의 감소와 정확한 이상음향 탐지를 위한 방법을 제시한다.

3.1.2.1 에너지 기반의 끝점검출 알고리즘

끝점검출 기법(end-point detection method)은 원래 음성인식 기술에서 음성의 시작점과 끝점을 찾아내 음성인식률을 높이기 위해 사용되던 기술로서, 이상음향 탐지 기법의 성능을 높이기 위한 전처리 부분으로써 중대한 역할을 한다[19], [20], [21]. 음성인식 기술에서와는 달리 이상음향 탐지를 위해 적용되는 끝점검출의 정확성은 전체적 시스템의 성능에는 크게 영향을 미치지는 않는다. 단지, 이상음향 탐지를 위한 첫 번째 관문으로서 신호를 걸러내는 역할을 함으로써 불필요한 계산을 요구하지 않는다는 장점을 가진다. 실제로 이상음향을 판단하는 부분은 3.1.3절에서 기술되는 이상음향 탐지/식별 알고리즘에서 최종 결정을 하기 때문이다.

다양한 끝점검출 알고리즘 중에 에너지 기반 방식은 가장 널리 사용되고

42

있는 방식 중에 하나이다. 신호의 에너지, 영 교차율(ZCR: zero crossing rate), duration, linear prediction error energy와 같은 파라미터들을 적용하고 있다. 본 기술에서는 이와 같은 에너지 기반의 끝점검출루틴을 사용하여 일정의 임계치를 넘는 신호에 대해서 방향탐지 추정 및 이상음향 식별 기술을 적용한다. 이를 위해 다음과 같은 방식으로 신호를 검지한다.

시간 주파수상에서의 m번째 프레임의 n번째 위치의 크기(magnitude)를 나타내는 잡음에 오염된 신호를 $x_t(m, n)$로 나타내자. 이 신호에 256 포인트의 이산 퓨리에 변환(discrete Fourier transform)을 적용하여 다음과 같이 주파수상의 스펙트럼을 계산한다.

$$x_f(m,k) = \sum_{n=0}^{N-1} x_t(m,n) W_N^{kn} \qquad (3-1)$$

여기서 변수, $W_N = \exp(-j2\pi/N)$, $0 \le k \le N-1$, $0 \le m \le M-1$이고 N은 128, M은 분석을 위한 프레임의 수이다. 스펙트럼상에서 불규칙하게 발생하는 잡음적 요소(undesired impulse noise)를 제거하기 위해 식 (3-2)와 같이 3개의 포인트를 이용한 미디언 필터를 적용함으로써, 주파수 스펙트럼을 스무딩(smoothing)하게 만든다.

$$\hat{x}_f(m,i) = \frac{x_f(m-1,i) + x_f(m,i) + x_f(m+1,i)}{3} \qquad (3-2)$$

시작점 및 마지막 점의 결정은 임계치, Th를 비교함으로써 결정된다. 초반, 100msec내의 신호는 이상음향이 발생하지 않는다는 가정 하에 100msec 동안 발생된 에너지 신호의 크기를 다음 식 (3-3)과 같이 계산을 통해 임계치(threshold)를 결정한다.

$$Th = \frac{1}{N}\sum_{m=0}^{N-1}\hat{x}_f(m,i) + \frac{1}{N}\sum_{m=0}^{N-1}\left(\hat{x}_f(m,i) - \frac{1}{N}\sum_{j=0}^{N-1}\hat{x}_f(j,i)\right)^2 + \gamma \qquad (3-3)$$
$$= \mu_F + \delta_F + \gamma$$

여기서 변수 μ_F 는 평균, δ_F 는 분산, γ 는 바이어스(biased)된 변수이다. 그리고 N은 정상적 음향신호만 발생하는 구간에서의 프레임 수를 나타내는 것으로서 여기서는 10을 사용했다. 초기에 정해진 임계치 값은 지속적으로 변하는 환경에서 적응적인 값을 가지도록 만들기 위해 다음 식 (3-4)와 (3-5)과 같이 평균 및 분산 값 계산을 통해 식 (3-3)을 적응시킨다.

$$\mu_F(i) = \alpha\mu_F(i-1) + (1-\alpha)\hat{x}_f(m,i) \qquad (3-4)$$

$$\delta_F(i) = \sqrt{\beta\delta_F(i-1) + \overline{(\mu_F(i) - \hat{x}_f(m,i))^2(1-\beta)}} \qquad (3-5)$$

여기서 변수 α 와 β 는 망각 변수(forgetting factor)로서 0에서 1까지의값을 가지며, 평균 및 분산의 값은 이상음향신호가 없는 구간에서만 적용된다. 망각변수의 값은 1에 가까워질수록 과거의 추정된 값에 가중치를 많이 두게 되며, 0에 가까워질수록 현재의 값에 더 가중치를 두는 결과를 가져온다.

3.1.2.2 검지된 신호의 방향 추정 기법

끝점검출 루틴에 의해 에너지 값이 일정 임계치 보다 높은 음원이 발생을 했을 경우, 해당 음원에 대한 방향을 (DOA; direction of arrival angle) 추정 하게 된다. 방향을 추정하기 위해서 검지된 음원의 위치 정렬을 위해 상호상관 파워 스펙트럼(cross-power spectrum phase)을 이용한 TDOA (time difference of arrival) 방식이 적용된다[22]. 이를 위해 사용된 6개의 마이크 로폰 어레이는 그림 3-2(a)와 같이 선형으로 배열되며, 마이크 간의 거리는 10cm이고 1번과 4번, 2번과 5번, 3번과 6번의 쌍으로 계산이 되어 마이크로폰 쌍 간의 거리는 최종적으로 30Cm 되도록 한다. 그러면 신호가 마이크에 도착하는 시간이 그림 3-4의 (b)와 같이 되므로, 방향 θ 를 계산할 수 있다.

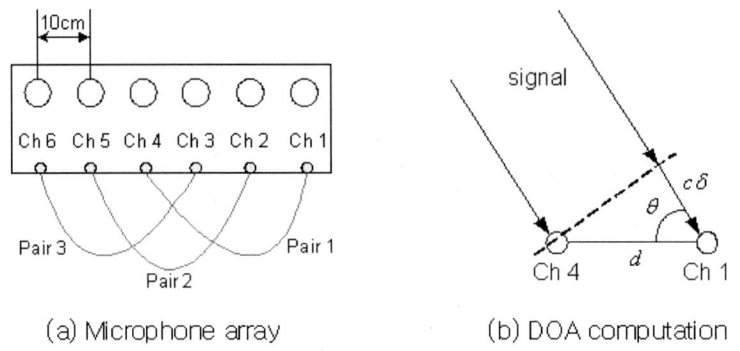

(a) Microphone array   (b) DOA computation

그림 3-4. 구성된 마이크로폰 어레이 및 방향 추정 도식

즉, 식 (3-1)이 적용된 이산 신호 $S_i(k)$와 $S_k(n)$를 마이크로폰 어레이 i 및 $k(=i+3)$로부터 얻었다고 가정했을 때, 정규화된 cross-power spectrum은 다음 식 (3-6)과 같이 나타낼 수 있다.

$$\phi_i(t,f) = \frac{S_i(t,f)S_{i+3}^*(t,f)}{|S_i(t,f)||S_{i+3}^*(t,f)|}, i = 1,..3 \qquad (3-6)$$

여기서 변수 i는 가 마이크로폰이 인덱스를 말한다. 변수 t는 프레임의 인덱스를 말한다. 그리고 식 (3-6)의 역퓨리에 변환을 통해 식 (3-7)과 같이 두 개의 마이크로폰 간의 일치성(coherence)을 계산한다.

$$C_i(t,\tau) = \int_{-\infty}^{\infty} \phi_i(t,f)e^{2\pi f\tau} df \qquad (3-7)$$

식 (3-7)로부터 식 (3-8)과 같이 상관관계가 가장 큰 래그(lag)를 찾음으로써 마이크로폰간의 신호의 도착지연을 구한다. 이로부터 $i-th$ 마이크로폰의 시간지연(time delay)를 계산할 수 있다.

$$\hat{\delta}_i = \arg\max_{\tau} \int_T C_i(t,\tau)dt \tag{3-8}$$

식 (3-8)에서 계산된 값을 이용해, 그림 3-4의 (b)에서와 같이, 방향을 계산할 수 있다. 이를 위한 식은 식 (3-9)와 같다.

$$\theta = \cos^{-1}\left(\frac{c\delta}{d}\right) \tag{3-9}$$

여기서, 변수 c는 광속을 말하고, 변수 d는 마이크로폰 간의 거리를 말한다. 최종적으로 식 (3-10)과 같이 최대 우도 함수 추정(maximum likelihood estimation)의 견지에서처럼, 3개의 마이크로폰의 쌍에 대한 값의 평균으로서 방향 값을 추정하여 사용한다. 두개의 마이크로폰에 대한 값의 결과는 에러적인 요소를 가지고 있기 때문에, 다른 두쌍의 마이크로폰 결과에 대한 값들을 융합함으로써 이를 보상하고자 하는 것이다.

$$\hat{\theta}_{Signal} = \sum_{i=1}^{3} \hat{\theta}_i \tag{3-10}$$

3.1.3 모델기반 OONA 거절 기법

이 절에서는 최종적으로 검지된 음향이 오검지로 인해 발생된 정상음향인지, 실제 이상음향인지를 식별하기 위한 기술을 위해 자연환경음향 모델을 이용하는 기법을 소개한다. 자연환경음향 모델은 바람소리, 빗소리, 새소리,

빗소리 및 천둥소리, 파도소리를 구성하는 데이터베이스로부터 훈련된 모델이다. 이 모델을 이용하여 최종적으로 검지된 음향이 은닉 마코브 모델(HMM: Hidden Markov Model)로부터 누적 계산된 우도 함수(likelihood ratio) 값을 이용하여 모델 간의 편차 분석을 통한 승인, 거절 방식을 통해 이상음향인지를 식별한다.

　일반적으로 전장감시 시스템은 야외에 설치되고 이상음향이라고 할 수 있는 음성이나 발자국소리, 특정 물건을 파괴하는 소리들과 같이 혼재된 상태에서 활용된다. 또한, 주변환경 및 여건에 따라 이상음향이라는 것은 무수히 많은 소리를 낼 수 있기 때문에, 이러한 이상음향에 해당하는 데이터베이스를 구성해서 일일이 모델을 만들기란 쉽지 않다. 따라서, 이러한 문제점을 해결하기 위해 자연발생적인 환경 음향모델을 이용해서 거절 기법을 역으로 이용하는 방식을 소개한다. 거절 기법에 가장 많이 사용되는 우도 함수율 테스트 기법으로 가장 확률이 높은 N개의 값을 이용하여 사용하는 N-Best 기법이 있다. 이를 응용하여 그림 3-5에서와 같이 N-best 정상음향 거절 기법(N-Best out-of-normal acoustic (OONA) rejection method)을 적용한다. 개념적으로 그림 3-5는 일반적인 분류를 위한 문제로 분별 함수(discriminate function)에서 최대 값을 선택을 하는 것이 아니라, 최소값을 선택하는 문제로 볼 수 있다. 결론적으로 가장 작은 우도 함수 값을 선택해서 일정 임계치를 넘지 않는 값은 정상 음향에 속하지 않기 때문에 이상음향으로 결정하는 것이다.

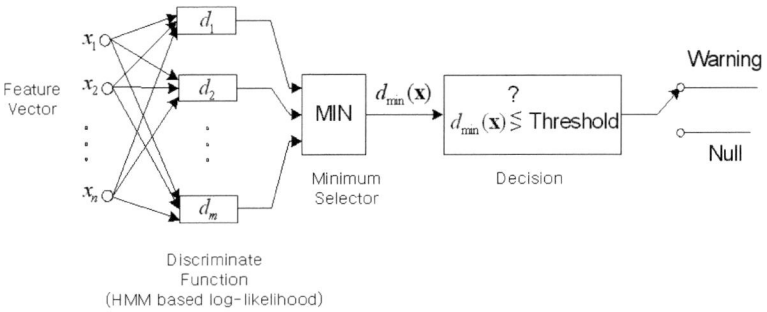

그림 3-5. 이상음향을 식별하기 위한 discriminate function

　바람소리, 새소리, 파도소리와 같은 일반적 자연 환경음을 나타내는 모델은 24개의 상태(state)와 16개의 믹스쳐(mixture)를 가진 연속 은닉 마코브 모델(Continuous Hidden Markov Model)을 이용하여 구성된다. 연속 은닉 마코브 모델은 테스트 신호를 식별하기 위한 결정함수(discriminate function)로서 사용된다. 연속 은닉 마코브 모델에 따라 최종적인 누적 우도 함수를 가지게 되는데, 신뢰적인 이상음향 식별을 위해 최상위 N개의 우도 함수를 가진 값들을 이용한 우도 함수율 테스트(LRT: likelihood ratio test)에 기반한 거절 기법을 적용한다. 우도 함수율 테스트를 위한 식은 다음 식 (3-11)와 같이 나타낼 수 있다.

$$LRT(X) = \frac{P(X/H_0)}{P(X/H_1)} = \frac{P(O_n/\lambda_n)}{P(O_n/\overline{\lambda}_n)} \geq \eta \qquad (3-11)$$

　여기서 변수 H_0은 가설(hypothesis)이 참인 것을 나타내고 H_1는 가설이 거짓인 것을 나타낸다. 변수, η 는 오인식률(FAR: false acceptance rate)과 오거절률(FRR: false rejection rate)의 평가를 통해 결정 된 임계치 값을 나타낸다. 변수 λ 는 최대의 우도 함수 값을 나타내는 음향모델을 나타내고, $\overline{\lambda}$ 는 모델 λ 보다 작은 값들을 가지는 모델들 중 가장 큰 값을 가지는 상위의 모델들을 나타낸다.

시스템은 이상음향이 검지가 되면 이상음향에 대한 모델을 가지고 있지 않기 때문에, 은닉 마코브 모델을 통해 검색된 모든 경로의 우도 함수 값들은 값이 작고 다른 경로의 값들과 거의 비슷한 값들을 가지게 될 것이다. 그러나 은닉 마코브 모델을 따라 비터비(Viterbi) 검색된 결과는 이 중에 가장 확률적으로 큰 값을 선택한다. 따라서 이상음향신호가 검지됐더라도 훈련 모델 중의 하나를 선택하기 때문에 이상음향을 검지할 수 없다는 결론이 나온다. 그러므로, 이러한 결과를 막기 위해 거절 기법을 도입한다.

즉, 비터비 검색에 따라 결정된 우도 함수들 간의 값들을 테스트함으로써 테스트 신호가 자연환경음향인지 아닌지를 판단하는 것이다. 식 (3-12)와 같이 자연환경음향 모델, $\overline{\lambda}$ 가 주어졌을 경우, 일정한 신호, O가 입력된다면 주어진 모델 중에서 가장 주어진 모델에 정합하는 인덱스 K를 찾는 문제로부터 시작할 수 있다.

$$W_k = \arg\max_k \left(L\left(O / \overline{\lambda}_{1,\ldots,k} \right) \right) \qquad (3\text{-}12)$$

식 (3-12)에 의해 비터비 검색이 수행되는데 모든 경로의 누적된 우도 함수 값을 계산하게 된다. 이 값들을 정렬해서 가장 큰 우도 함수 값을 선택하게 된다. 그리고 정렬된 값들 중에서 상위 N개의 우도 함수들만을 선택해서 우도 함수 간의 신뢰성 테스트를 식(3-13)과 같이 할 수 있다.

$$R_n = \frac{1}{l_n} \left[\log P\left(O_n / \overline{\lambda}_0 \right) - \frac{1}{nBest} \sum_{m=1}^{nBest} \log P\left(O_n / \overline{\lambda}_m \right) \right] \qquad (3\text{-}13)$$

여기서 변수 $\overline{\lambda}_0$ 는 가장 큰 우도 함수 값을 가지는 모델을 나타내고 변수 $\overline{\lambda}_m$ 는 그 다음으로 큰 N개의 우도 함수 값들을 나타내는 모델들을 말한다. 이러한 누적 확률변수들을 이용해서 식 (3-11)과 같이 신뢰성 테스트를 수행한다. 신뢰성 테스트는 우도 함수율을 계산해서 정해진 임계치보다 작으면 거절을 하고 크면 참인 값으로 받아들이는 방식이다.

3.1.4 이상음향 탐지 기능 평가 실험

이상음향 탐지 기능 평가를 위해 그림 3-6. 와 같이 실시간 신호처리 보드를 활용한다. 이를 위해 개발된 보드는 6개의 입력 채널을 가지고 있으며 1개의 출력 채널을 가진다. 병렬적인 입력을 위해 6채널 입력보드는 FPGA를 사용하여 개발되었고 1채널은 음성합성 출력을 위해 할당된다. 이 보드는 음향 탐지 기능뿐만 아니라, 잡음제거 기술 적용을 통해 음성인식 성능을 향상시키기 위한 기술로도 활용된다.

자연환경 음향을 모델링 하기 위해 사용된 훈련 데이터베이스는 자연 환경에서 사용된 파형을 임의의 크기로 잘라 훈련 데이터베이스로 만들어 이용하였다. 사용된 자연 환경음향의 클래스는 5개로 구분해 사용했고, 각각 3시간 불량의 데이터가 사용되었다. 5개의 클래스는 바람소리(E), 새소리(B), 빗소리(C), 빗소리 및 천둥소리(D), 파도소리(A)로 구성된다. 모델 구성을 위해 사용된 샘플링은 16비트 PCM 방식을 사용했고, 로그에너지가 포함된 13차 MFCC를 사용했다. 그리고 이의 1차, 2차 미분 값을 사용해서 총 39차의 특징벡터를 사용한다. 신호는 10msec의 이동구간을 갖고, 125msec 프레임 크기를 사용한다. 구축된 음향모델은 50개의 스테이트와 16개의 믹스쳐를 가진 연속 히든 마코브 모델(Continuous Hidden Markov Model: CHMM)로 구성된다.

50

그림 3-6. 마이크로폰 어레이를 이용하기 위한 음향 탐지용 보드

테스트 데이터베이스로는 이상음향으로 간주된 음성을 테스트하기 위해 Aurora2 DB인 국제표준 음성데이터가 사용되었다. 성능평가를 위해 사용한 환경은 다음과 같다. 특징벡터로는 국제표준 음성 특징추출 기준인 ETSI v1.1.2를 사용하였다. 추출된 켑스트럼 데이터의 정규화를 위해 평균 및 분산 정규화 기법을 사용하였다. 이 기술은 채널 왜곡을 방지하는 기능을 제공한다.

우선, 자연환경음향모델을 위한 훈련 정확도 및 믹스쳐(mixture) 수에 따른 인식률을 평가하기 위해 표 3-1과 같이 믹스쳐 수에 따른 평가를 수행하였다. 자연환경음향 모델이 정확히 훈련되어 있어야 다른 이상음향이 검지됐을 경우, 이를 효과적으로 거절할 수 있기 때문이다. 또한 임베디드 시스템의 성능 제약사항이 있기 때문에, 가능한 적은 계산량 하에서 최적의 성능을 낼 수 있는 믹스쳐 수의 선택을 위한 실험 평가이기도 하다. 왜냐하면, mixture의 수가 많으면 많아질수록 그만큼 계산의 양도 많아지기 때문이다.

표 3-1. 훈련의 정확도를 평가하기 위한 인식률 실험

No. of mixture	1	2	4	8	16	32
Recognition rate (%)	86.02	94.37	95.26	96.20	96.84	96.08

다음으로는 OONA 거절률 평가를 위해 Aurora 2 DB 음성 데이터베이스를 이용하였다. 본 실험에서 음성신호는 이상음향신호로 간주된다. Confusion Matrix를 이용하여 분석한 표 3-2의 결과에서 볼 수 있듯이, 모든 음성데이터는 음성데이터로 분류되었다. 즉, 음성데이터는 모두 이상음향 신호로 판단을 하였단 의미이다. 그 밖의 자연음향의 경우, 천둥소리를 빗소리와 함께 섞인 천둥소리로 잘못 인식하는 경우가 발생하였지만, 이 경우는 자연음향의 경우이기 때문에 잘못 분류했음에도 불구하고 자연음향이고 이상음향으로는 판단하지 않기 때문에 최종 목표인 이상음향인지 아닌지 판단 결과에 아무런 영향을 미치지 않는다. 결국 최종 결과적인 내용을 보면 소개된 방식의 알고리즘 성능이 매우 우수하다는 것을 알 수 있다. 또한 본 실험에서 사용한 특징벡터 추출 알고리즘이 음성과 자연 음향의 구분을 위해 매우 우수한 특징벡터를 구했기 때문으로도 분석할 수 있다.

표 3-2. 16개의 믹스쳐를 사용했을 경우의 Confusion Matrix 분석

	Speech	Beach	Bird	Rain	Thunder	Wind	Total No. of data	Accuracy (%)
Speech	1064	0	0	0	0	0	1064	100
Beach	0	268	1	0	0	0	269	99.6
Bird	0	5	18	0	0	0	23	78.3
Rain	0	2	0	178	0	0	180	98.9
Thunder	0	1	0	26	3	0	30	10.0
Wind	0	0	0	0	0	15	15	100

3.2 신원 인증 기술

이 절은 이상음향 탐지를 통해 검지된 음향이 사람으로부터 발생했다는 가정하에, 검지된 사람의 신원을 확인하기 위한 기술을 소개한다. 즉, 불순한 의도로 침입을 하려는 것인지 아닌지를 알기 위한 과정인데, 여기서는 음향 센서를 이용한 인증 기술로 요구된 암호를 알고 있는지를 인증함으로써 신원 확인을 하는 방법을 적용한다. 이 기술은 화자인증 기술에서 화자 독립 인증 기술이라고 말할 수 있다. 본 알고리즘 적용을 위해 개발된 장비는 다음 그림 3-7과 같다. 상단에 초지향성 마이크로폰이 장착되어 있으며, 그 하단에 스피커가 장착된다. 내부는 위의 장비들을 동작하기 위한 DSP보드가 장착되어있다.

 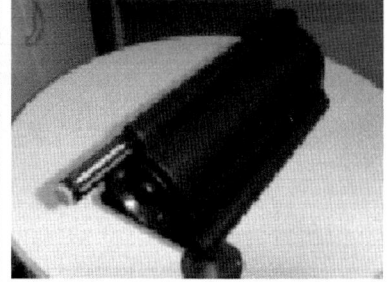

그림 3-7. 신원확인을 위한 음성기반 암호 인증 시스템

3.2.1 음성 발화 확인을 통한 신원 인증 기술 개요

감시 업무를 위해 많은 인력과 노력이 인증되지 않은 사람을 경계하기 위해 24시간 투입되고 있다. 따라서, 경계를 서는 사람들이 들이는 시간과 노력을 줄이기 위해, 지능형감시 경계로봇이 대안 수단으로 등장을 했다. 지능형 감시 경계로봇은 특정 보안구역을 침입하려는 불순한 의도의 사람을 자동 검지하여 제지를 하기 위한 수단으로 활용된다. 본 절에서는 신원인증을 위해 영상센서를 이용하여, 얼굴인식, 지문인식과 같은 인증 기술을 사용할 수 있으나, 인가된 사용자가 등록을 하지 않고 사용되는 환경에서 자유로이 적용될 수 있도록 화자독립 방식의 음성기반 암호 인증기술을 소개한다.

음성기반 암호 인증을 위해 다음과 같은 시나리오가 전개될 수 있다. 로봇은 탐지된 인간에게 음성기반 암호 인증 작업을 위해 멈출 것을 요구한 뒤, 특정한 단어를 제시한다. 그러면 신원확인을 위해 인간은 제시된 단어와 매칭되는 음성기반 암호를 발화한다. 그러면 로봇은 발화된 음성기반 암호를 인식해서 인증 작업을 수행한다. 여기서 고려해야 될 점은, 이와 같은 음성기반 암호 텍스트는 매일 변할 수 있다는 것이다. 따라서, 음성인식 분야 중에서 화자 인증 기술을 그대로 도입한다면, 신원이 확실한 사람들의 음성에 대한 사전 훈련과 이에 대한 모델을 가지고 있어야 하는데, 매일 변하는 음성기반 암호 텍스트에 대한 사전훈련과정은 매우 번거롭고, 대상범위가 너무 넓기 때문에 적용하기 힘들다. 왜냐하면, 해당 보안 구역에 들어올 수 있는 사람들은 해당 지역에 근무를 하고 있는 사람뿐만이 아니라, 다른 지역에서 근무를 서고 있는 사람들도 포함되기 때문이다. 따라서 음성기반 암호 인증 기술은 발화된 화자의 음성을 식별하는 기술이 아니라 발화된 텍스트가 정확한지 아닌지를 판단하는 기술에 중점을 두고 있다. 따라서 제시된 음성기반 암호 인증 기술은 적법한 자들의 음성을 훈련하여 모델을 만들어 사용하지 않는 문맥 요구형, 화자 독립 인증 방식이다[23], [60].

이와 같은 인증 방식은 감시 업무 중, 해당 사람의 신원이 누구인지를 확인하기보다는 특정구역 내에 들어오는 사람이 암호를 알고 있는지 없는지를 알아낼 필요가 있는 작업의 특수성으로 인해 연구되었다. 이와 같은 작업에 대처하기 위해 발화 확인 접근방식이 고려된다. 이 분야는 많은 기간 동안 음성인식의 신뢰성 테스트를 위해 다양하게 연구되어 온 분야이다[24],

[25], [26], [27]. 그렇지만, 화자 인증을 위한 식별기술을 위해 설계가 되지는 않았다. 발화 인증 기술은 사용자 친화 기술을 제공하기 위해 음성인식 기반 대화형 시스템에서 사용되었다. 또한 신뢰성 검증을 위해 음성이 아닌 잡음을 거절하거나 인식목록 내에 없는 단어의 거절, 오인식을 막기 위한 수단으로도 활용된다. 이러한 작업을 측정하기 위해 사용되는 신뢰성 측정 (confidence measure) 함수[28], [29], [30], [31]는 음성인식 시스템에 의해 인지된 단어, W의 확률을 계산하는 동안이나 계산이 끝난 후의 누적확률 값을 이용하여 발화된 음성의 관측 순서를 확인하는 작업을 사용한다.

이러한 발화 인증 기술말고도 필러 모델(filler model)이나 가비지 모델 (garbage model)도 이러한 작업을 수행하기 위해 사용된다. 이와 같은 알고리즘들은 일반적으로 사전에 데이터베이스를 훈련하여 모델을 만들고 실제 테스트 시스템에서 참조하여 사용한다. 그러나 이러한 모델들은 지속적으로 변하는 음성기반 암호에 대해 상대적인 안티모델(anti-model)이나 잘못 발화된 테스트 음성을 거절하기에는 불안정한 요소를 가지고 있다. 이러한 모델은 실제 시스템이 어떠한 시나리오로 동작하는지에 대한 사전정보를 이용해서 거절을 위한 모델을 만들기 때문이다.

따라서, 효율적인 시스템 구성 및 자유로운 환경에도 적용하기 위해, 사전에 훈련된 모델을 추가로 사용하지 않고 기존의 음성인식을 위해 사용되는 음향모델을 재사용하는 방식을 소개한다. 그리고, 비터비 검색에 의해 계산된 누적 확률 값을 이용한 발화 테스트 기법을 통해 거절하는 문맥 요구형, 화자 독립 인증 시스템을 설계한다. 또한 본 절에서는 문맥 요구된 음성기반 암호에 대해 신뢰성 테스트를 수행하기 위한 안티모델을 자동 생성하여 발화 테스트를 위한 모델로 이용하는 방식을 소개한다.

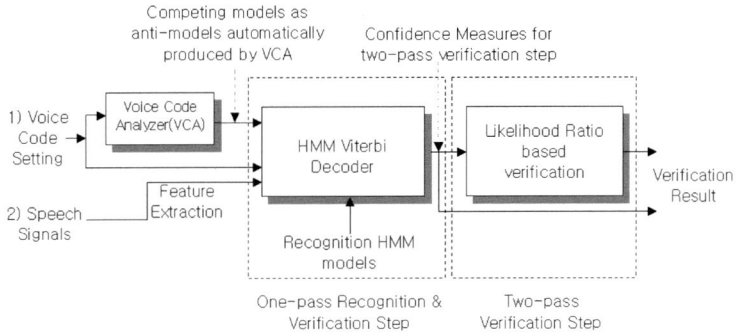

그림 3-8. 음성기반 암호 인증 시스템의 블록다이어그램

　음성기반 암호 인증 시스템은 2단계 인증 수행방법으로 구성된다. 그림 3-8와 같이 반연속 은닉 마코브 모델을 이용한 인식 단계와 발화 검증 단계로 구성된다. 첫 번째 단계에서는 발화된 음성을 음소 단위의 가설들로 구성된 N개의 최적 문자열로 나누는 전통적 비터비 빔 검색 (Viterbi beam search algorithm) 방식을 이용한 인식 단계가 적용된다[32]. 두 번째 단계에서는, 음성기반 암호 발화 인증 기법을 적용한다. 즉, 인식된 단어를 거절할 것인지 아닌지를 결정하는 신뢰도 측정 함수를 계산하는 단계이다. 음성기반 암호 인증 기술은 선택적 가설에 대해 요구된 음성기반 암호가 거짓인지를 테스트하는 통계학적 가설 테스트로서 기술될 수 있다. 일반적으로 안티 모델(anti-model)과 같은 선택적 가설 모델은 오 인식된 음성 데이터, 인식목록 내에 존재하지 않는 잘못된 음성 데이터, 오인식을 유도하는 잡음에 심각하게 오염된 음성데이터들로 구성된 데이터베이스를 사전에 훈련하여 모델로 구성한 것을 말한다. 그러나 임베디드 시스템의 경우처럼, 메모리가 한정되어 있고 계산 능력이 떨어지는 시스템의 경우, 메모리 부담이나 계산량 부담이 가중된다. 따라서 이러한 문제점을 해결하기 위한 방식으로 기존의 음향모델을 재사용한다. 이 기술은 기존 음향모델을 이용하여 안티 모델에 대한 인식 네트워크를 자동으로 구성하는 방식이다. 이것은 패턴 분류 문제로서 전통적인 음성인식 시스템이 가장 최적의 단어 순을 찾기 위한 최대치 사후 확률(MAP: maximum a posteriori) 결정 규칙(decision rule)을 이용한다는 사실로부터 유도된 것이다.

각각의 음소들은 상태를 갖는 은닉 마코브 모델을 이용하여 모델링 된다. 발화된 음성의 특징벡터가 해석단계에 진입하면, 우도 함수 값은 음성의 끝이 검지될 때까지 모든 단어의 경로를 검색하면서 계산된다. 따라서 발화된 음성의 특징벡터와 유사한 음소모델들의 우도 함수 값은 커지게 되고 그렇지 않은 경우에는 작은 값을 가지게 된다. 고려되어야 할 사항은 어떤 사람이 음성기반 암호 인증을 위해 특정한 단어를 발화 했을 경우, 발화된 단어는 완전히 다른 단어일 수도 있고 음성기반 암호와 유사한 단어가 될 수도 있다는 것이다. 일반적인 음성인식 시스템의 경우 유사한 단어를 발화하게 되면, 이와 유사한 단어의 누적 확률 값이 가장 크게 되기 때문에 오인식을 하는 경우가 발생함으로 인증 시스템은 신뢰성을 제공하지 못한다. 따라서 유사한 단어를 발화했을 경우에도, 이를 거절하기 위한 안티 모델이 필요하다. 이러한 문제점을 해결하기 위해, 주어진 음성기반 암호에 특정적인 안티 모델 자동생성 알고리즘이 소개된다. 음성기반 암호 텍스트를 분석하여 이에 적절한 안티 모델 음소 텍스트를 생성하고, 이를 음소모델 변환기 (grapheme to phoneme converter)를 이용해서 인식 네트워크를 만드는 방식이다 안티 모델의 역할은 발화 검증을 위한 참조 모델로 매우 중요한 역할을 수행하게 된다. 안티 모델은 음성기반 암호 모델과 같이 경쟁을 하면서, 우도 함수 값을 누적 계산하고 발화 신뢰성 테스트 단계에서 다시 검증을 위한 정규화 요소로서 활용되기 때문이다.

3.2.2 음성기반 암호 인증 기술

이 절은 실제로 문맥 요구형 화자 독립 방식의 음성기반 암호 인증 기술을 소개한다. 이를 위해 올바른 음성기반 암호만을 인증하고 그 외에 잘못 발화된 단어들은 거절하기 위한 방법으로 경쟁모델을 활용하고 이를 자동으로 구축하기 위한 방법을 기술한다.

3.2.2.1 반 모델로서의 경쟁 모델

문맥 요구형 화자 독립 인증기술은 기존에 없던 기술이다. 따라서, 이 기술이 어떻게 유도 되었는지를 살펴보기 위해, 기존의 문맥 요구형 화자 종속 인증방식을 분석한다. 문맥 요구형 화자종속 인증방식[33], [34]을 위해 사용되는 사후 확률 계산을 위해 다음 식(3-14)과 같이 계산된다.

$$
\begin{aligned}
p(S_c, W_c / O) &= \frac{p(O / S_c, W_c) p(S_c, W_c)}{\sum_i \sum_j \{ p(O / S_i, W_j) p(S_i, W_j) \}} \\
&\approx \frac{p(O / S_c, W_c)}{\sum_i \sum_j p(O / S_i, W_j)}
\end{aligned}
\tag{3-14}
$$

여기서 변수 S_i는 등록되어 있는 화자를 말하고 S_c는 발화 요구된 화자를 말한다. 변수 W_i는 기존에 등록되어 있는 암호 텍스트이고 W_c는 현재 요구된 텍스트를 말한다. 변수 $p(S_i, W_j)$는 화자 i와 텍스트 j를 위한 동시적 확률(simultaneous probability)이다. 변수 $p(O/S_c, W_c)$는 요구된 텍스트에 따라 요구된 화자의 은닉 마코브 모델에 따른 확률을 말한다. 식 (3-14)에서 변수 S_c와 S_i는 화자 독립 인증방식에서는 무시될 수 있는 변수이다. 따라서 식 (3-15)은 다음과 같이 간소화될 수 있다.

$$p(W_c / O) \approx \frac{p(O / W_c)}{\sum_j p(O / W_j)} \qquad (3-15)$$

식 (3-15)은 자세히 보면, 전통적인 음성인식 시스템에서 우도함수 정규
화를 위한 방식과 같다. 식 (3-15)에서 변수 W_c는 발화된 단어의 순을 나
타내고, $p(O/W_j)$는 등록된 모든 단어들을 위한 병렬 은닉 마코브 모델
(HMM) 음소 네트워크를 이용해 추정된 N개의 최대치 누적 우도 함수 값
으로 나타내어진 것이다. 결론적으로 화자 정보가 무시된다면, 문맥 요구형
화자 종속 인증기술은 식(3-16)과 같이 최적의 단어 열을 찾기위해 최대치
사후 확률(MAP: maximum a postrier) 계산을 이용하는 패턴 분류(pattern
classification) 문제로서의 음성인식 알고리즘과 같다.

$$W_k = \arg\max_j L(O / W_j) \qquad (3-16)$$

여기서 변수 $L(O/W_j)$는 인식 단어들을 나타내는 W_j가 주어졌을 경우 관
측 신호 O의 우도함수를 말한다. 문맥 요구형 인증작업에서는 j가 하나만
존재하는, 암호를 나타내는 단어 텍스트의 인덱스를 말한다. 따라서 어떠한
사람이 잘못된 단어나 유사한 단어를 발화했을 경우, 시스템은 통계학적 방
식에 따라 최적의 우도 함수를 가지는 단어인지를 확인할 방법이 없다. 즉,
설정된 암호 모델과 같이 경쟁을 하면서 잘못 발화된 단어나 유사하게 발화
된 단어들을 거절하기 위한 모델을 가지고 있지 못하기 때문에 검증할 수
없다. 이러한 문제점을 해결하기 위해선 특정화자가 잘못된 단어나 유사한
단어를 발화했을 경우, 음성기반 암호 모델의 우도 함수 값을 작게 유지하면
서 발화된 단어와 유사한 모델을 만들어 해당 모델의 우도 함수 값을 증가
시키고 인식단계나 검증단계에서 이를 제거시키기 위한 경쟁 모델을 생성하
여 이용할 필요가 있다. 따라서, 경쟁모델 생성을 위해 주어진 음성기반 암

호 모델에 반하는 안티 모델(anti-model)을 구성하도록 한다. 안티 모델로 사용될 수 있는 방식으로는 필러 모델(filler model)이나 가비지 모델 (garbage model) 등을 생각할 수 있다. 일반적으로 필러 모델이나 가비지 모델은 사전에 임의의 발화된 시퀀스 열을 훈련을 통해 모델로 만들고 테스트 시, 이를 활용하는 방식이다. 그러나 이러한 방식은 추가적인 메모리를 요구하고 주어진 음성기반 암호 모델에 항상 반하는 모델은 아니다.

따라서 추가적인 메모리의 부담을 없애면서 주어진 음성기반 암호 모델에 항상 반할 수 있는 모델 생성 기법을 개발한다. 생성된 모델은 발화 검증 시에 정규화 모델로 사용하여 발화 테스트를 할 수 있도록 한다. 이를 위해 선택한 모델은 기존에 음성인식을 위해 사용된 음향모델을 그대로 재활용한다.

다음은 기존의 음향모델을 재사용해서 음성기반 암호 인증을 하기 위한 방식을 기술한다. 식 (3-17)과 같이, 음성기반 암호 인증을 시작하기 위해 음성기반 암호 모델과 안티 모델을 이용하여 단어 네트워크를 만들고 음성기반 암호 인증을 시작한다.

$$W_k = \arg\max_{j} L\left(O/W_0, \overline{W_1}, ..., \overline{W_j}\right) \qquad (3\text{-}17)$$

여기서 변수 W_0는 요구된 음성기반 암호이고 $\overline{W}$ 는 음성기반 암호에 반하는 경쟁모델이다. 변수 W_k는 최종 인식된 단어를 나타내는 변수로서, 식 (3-18)과 같이 음절구조로 표현될 수 있다.

$$W_k = S_1^k S_2^k \cdots S_N^k \qquad (3\text{-}18)$$

여기서 N은 음절의 수를 나타낸다. 또한 음절은 식 (3-19)와 같이 다시 음소들로 구성된다.

$$S_N^k = P_{N,1}^k P_{N,2}^k \cdots P_{N,M}^k \qquad (3\text{-}19)$$

여기서 변수 M은 음소의 수를 나타낸다. 한국어의 경우이기 때문에, M값은 최대 3(자음+모음+자음 구조)을 가진다. 식 (3-18)과 (3-19)는 한국어 문법에 따라 구성되는 규칙을 말하고, 이는 음성인식의 정확성을 높이기 위해 음소의 전후를 기준으로 음운법칙을 잘 표현하기 위해 트라이폰 단위로 바뀌게 된다. 그리고, 특정화자가 특정한 단어를 발화 했을 경우 트라이폰 단위로 구성된 단어 네트워크는 은닉 마코브 모델에 따라 모든 경로의 누적 우도 함수 값을 계산하여 확률상 가장 큰 우도 함수 값을 가지는 단어의 인덱스를 선택한다.

식 (3-17)에서와 같이 첫 번째 단계는 발화된 단어가 어떠한 단어모델(음성기반 암호 모델 또는 경쟁모델)인지를 비터비 검색 알고리즘에 의해 선택하게 되는 인식 과정을 수행하게 된다. 결국 식 (3-20)과 같이 인식된 결과에서 인덱스 j가 0을 가르치면 발화된 단어가 음성기반 암호라는 것을 인증하게 되는 것이다.

$$PVC = \begin{cases} true & if \ \mathrm{j} = 0 \\ false & \text{else} \end{cases} \qquad (3-20)$$

그러나 첫 번째 단계에서 인식된 결과가 음성기반 암호라고 해도, 발화자가 유사한 단어를 발화했을 경우, 음성기반 암호 모델의 누적 우도 함수 값이 다른 경쟁모델들의 우도 함수 값보다 커져서, 오인식 되었던 것일 수 있기 때문에 두 번째 단계인 발화 검증 단계로 진입한다.

3.2.2.2 경쟁 모델 생성 방법

본 절에서는 경쟁모델을 자동으로 생성하는 방법을 기술한다. 음성기반 암호가 주어졌을 때, 이에 대해 반하는 단어 텍스트를 자동으로 만들어야 하는 데 주어진 음성기반 암호 텍스트에 반하는 단어는 이를 구성하는 음소들을 기준으로 변환할 수 있다. 이를 위해 한국어의 발화 방식 및 음운 생성 규칙에 따라 생성된 참조표를 통해 각 음소의 통계학적인 거리 정보를 기준으로 한다. 즉, 발화 방법 및 위치, 혀 위치 및 개구도에 따라 음소 간의 거리 정보가 가장 먼 것을 안티 모델을 위한 음소로 선택하는 방식이다[35], [36]. 만약 임의의 음소열 또는 무작위로 선정된 음소열을 사용하여 안티 모델로 사용한다면, 비터비 검색 동안 계산된 우도 함수의 결과 값들의 차는 사용된 임의의 음소열에 의존적인 경향을 발생한다. 그리고 화자가 유사한 단어를 발화할 경우, 모델 간의 유사한 우도 함수 값을 가지게 됨으로 발화 검증 단계에서 거절을 하게 된다. 따라서 이러한 문제점을 해결하기 위해 경쟁모델(competing model)을 구성할 필요가 있다. 즉, 요구된 음성기반 암호 텍스트에 반할 수 있는 경쟁 모델은 음성기반 암호 텍스트에 가장 반할 수 있는 텍스트가 요구될 때마다 자동으로 일정한 규칙을 가지고 선정되어야 한다. 다음은 이러한 경쟁모델을 만들기 위한 방법을 제시한다.

우선은 음성기반 암호를 설정하는 단계에서 음성기반 암호 텍스트는 텍스트 발음 변환기(G2P: grapheme to phoneme converter)를 이용해서 음소 단위로 구분된다. 변환된 음소열을 기준으로 경쟁모델을 생성하도록 한다. 음성기반 암호 텍스트, W_0는 식 (3-21)와 같이 음절, S로 구성이 된다.

$$W_0 = \{S_1, S_2, ..., S_N\} \qquad (3\text{-}21)$$

여기서 변수 N은 주어진 음성기반 암호 텍스트의 음절 수를 나타낸다. 일반적으로 음성인식에서와 같이 유사한 단어를 발화하게 되면, 통계학적인 인식방법을 쓰기 때문에 인식 성공으로 오인식하게 된다. 이러한 경우는 식 (3-22)과 같은 하나의 음절만 틀린 경우가 있을 수 있다.

$$\overline{W_1^1} = \left\{\overline{S_1}, S_2, ..., S_N\right\},$$
$$\overline{W_2^1} = \left\{S_1, \overline{S_2}, ..., S_N\right\}, ...,$$
$$\overline{W_N^1} = \left\{S_1, S_2, ..., \overline{S_N}\right\}$$

$$(3-25)$$

여기서 변수 N은 경쟁모델로서 사용될 수 있는 안티 모델의 수를 나타낸다. 그리고 변수 $\overline{S}$는 반음절(anti-syllable)을 나타낸다. 이러한 단어들은 종종 인증성공으로 결과를 유도하기 때문에 이러한 오인식을 방지하기 위해 식 (3-22)를 음성기반 암호에 반하는 경쟁모델로 선택 사용한다. 이러한 안티 모델의 음절은 더욱 세분화 되어 식 (3-23)과 같이 음소들로 구성되는데, 반음절은 다시 반음소(Anti-Phoneme)를 이용하여 표현된다.

$$\overline{S_N} = \left\{P_1, \overline{P_2}, ..., \overline{P_M}\right\}$$

$$(3-23)$$

이와 같이 반음소를 선택하기 위한 기준으로 두 가지 방법이 제시될 수 있다. 한국어의 음소들은 발화 방법 및 위치, 혀 위치 및 개구도에 따른 그룹핑 방식을 사용하여 설명될 수 있다. 이러한 특성을 이용하여 안티 모델은 표 3-3와 같이 1대 다 맵핑 방식이나 표 3-4와 같이 1대1 매핑 방식을 사용할 수 있다. 이러한 매핑 방식은 한국어의 음운 생성에 따라 수동적인 방식으로 매핑을 한 결과이다. 따라서 첫 번째 접근방식은 표 3-3와 같이 음소들의 통계학적인 거리정보를 이용하여 그룹을 만들고 그룹 중의 임의의 음소를 매핑하여 사용하는 것이고, 두 번째 접근 방식은 표 3-4와 같이 발화 방식 및 위치, 혀 위치 및 개구도에 따라 1 대 1로 매핑한 방식을 이용한 것이다,

표 3-3. 통계학적 음소의 거리 정보를 이용한 반 모델 생성을 위한 음소 그룹

	Group	Phoneme	Group No.	Anti-phoneme group No.
Con-sonant	Back tooth	ㄱ ㅋ ㄲ ㅇ ㅎ	1	4
	Palate I	ㄷ ㅌ ㄸ ㅅ ㅆ ㅈ ㅊ ㅉ	2	4
	Palate II	ㄴ ㄹ	3	1
	Lips	ㅂ ㅍ ㅃ ㅁ	4	1
Vowel	ㅏ series	ㅏ ㅑ ㅘ	5	6
	ㅣ series	ㅣ ㅢ ㅟ	6	5
	ㅜ series	ㅜ ㅠ ㅡ	7	5
	ㅔ series	ㅔ ㅐ ㅚ ㅙ ㅖ ㅖ ㅒ	8	9
	ㅗ series	ㅗ ㅛ ㅓ ㅕ ㅝ	9	8

표 3-4. 통계학적 음소의 거리 정보를 이용한 반 음소 모델 생성 규칙

		Phoneme to Anti-phoneme	
Consonant	Phoneme	ㄱㅋㄲㅇㄷㅌㄸㅅㅆ ㅈㅊㅉㄴㄹㅂㅍㅃㅁㅎ	Manner and place of articulation
	Anti-phoneme	ㅃㅂㅂㅂㄲㄱㄱㅃㅂ ㄲㄱㄱㄱㄲㄲㄱㄱㄴㅂ	
Vowel	Phoneme	ㅏㅑㅓㅣㅢㅟㅜㅠㅡㅔ ㅐㅚㅙㅖㅗㅛㅕㅝㅘㅖㅒ	Tongue advancement and aperture
	Anti-phoneme	ㅟㅜㅟㅏㅑㅏㅣㅏㅏㅝ ㅝㅏㅑㅓㅣㅑㅏㅔㅣㅏ	

표 3-5. 한국어 음절 생성 규칙

Syllable	Word rules	Group	No	Comment
CV	CV/CV	CV/CV (PART1)	1	
	CV/CVC			
	CV/VC	CV/V (PART2)	2	
	CV/V			
CVC	CVC/CV	CVC/V (PART3)	3	
	CVC/CVC			
	CVC/VC	CVC/V (PART4)	1	Follows rule part 1 according to Korean utterance rules.
	CVC/V			
VC	VC/CV	VC/C (PART5)	4	
	VC/CVC			
	VC/VC	VC/V (PART6)	5	Follows rule part 7 according to Korean utterance rules.
	VC/V			
V	V/CV	V/CV (PART7)	5	
	V/CVC			
	V/VC	V/V (PART8)	6	
	V/V			

한국어의 음절은 표 3-5와 같이 자음과 모음의 조합으로 구성된다. 즉, "$C+V$", "$C+V+C$", "$V+C$", "V"로 구성된다. 변수 V는 모음을 나타내고, C는 자음을 나타낸다. 우신은 음절단위로 단어를 구분하는 작업이 수행된나. 그리고 분리된 음절에 따라 반음절들이 선택되고 선택된 반음절은 다시 반음소 모델로 변환된다. 각각의 음절에 해당하는 반음소 모델을 만들기 위해 요구된 음성기반 암호 텍스트에서의 음소열들은 표 3-3이나 표 3-4를 사용해서 반음소들이 선택된다. 음소열의 선택은 추후 실험을 통해 어떠한 방식이 더 좋은지 평가를 할 것이다. 안티 모델을 위해 선택된 음소들은 텍스트 발음변환기(G2P)에 따라 트라이폰 단위로 변환이 이루어진다.

두 번째로 고려할 수 있는 상황은 화자가 식 (3-24)과 같이 유사한 단어를 발화했을 경우를 고려할 수 있다. 요구된 음성기반 암호 텍스트를 포함해서 추가적인 음절들이 덧붙여진 결과의 텍스트를 발화했을 경우에도 인증성공으로 나오는 경우가 발생하곤 한다.

$$
\begin{aligned}
\overline{W_1^2} &= \left\{ S_1, S_2, ..., S_N, \overline{S_{N+1}} \right\}, \\
\overline{W_2^2} &= \left\{ S_1, S_2, ..., S_N, \overline{S_{N+1}}, \overline{S_{N+2}} \right\}, ..., \\
\overline{W_M^2} &= \left\{ S_1, S_2, ..., S_N, \overline{S_{N+1}}, \overline{S_{N+2}}, ..., \overline{S_{N+M}} \right\}
\end{aligned}
\tag{3-24}
$$

여기서 변수 M은 주어진 음성기반 암호에 대해 반할 수 있는 경쟁모델의 수를 나타낸다. 그리고 반 음절을 나타내는 $\overline{S_{N+M}}$ 는 임의의 음절이 될 수 있고, 여기서는 음성기반 암호 텍스트의 음절 수까지만을 고려한다. 식 (3-24)과 같은 단어를 발화했을 경우 오인식하는 것을 방지하기 위해 식 (3-24)의 경우도 안티 모델로서 사용한다.

세 번째로 화자가 주어진 음성기반 암호 텍스트의 일부분만을 발화했을 경우에도 오인식하는 경우가 종종 발생한다. 식 (3-25)과 같이 일 부분을 발화한 경우인데, 이 부분도 음성기반 암호와 유사한 발화과정을 통해 오인식하게 되므로 식 (3-25)도 안티 모델로 사용한다.

$$
\begin{aligned}
\overline{W_1^3} &= \left\{ S_1 \right\}, \\
\overline{W_2^3} &= \left\{ S_1, S_2 \right\}, ..., \\
\overline{W_{N-1}^3} &= \left\{ S_1, S_2, ..., S_{N-1} \right\}
\end{aligned}
\tag{3-25}
$$

여기서 N은 음성기반 암호 텍스트의 음절 수이다. 위에서 사용된 반 모델들은 유사한 단어를 발화했을 경우, 이를 거절하기 위한 반 모델이다. 이와는 달리, 화자가 전혀 엉뚱한 단어들을 발화할 수 있는데, 이러한 경우에도 대처를 하기 위해 식 (3-26)와 (3-27)을 사용하여 안티 모델을 만들 수 있다. 식 (3-26), (3-27)은 각각의 음절 수에 따른 전혀 상반된 단어들을 말한 것이다.

$$\overline{W_1^4} = \left\{\overline{S_1}\right\},$$
$$\overline{W_2^4} = \left\{\overline{S_1}, \overline{S_2}\right\}, ...,$$
$$\overline{W_{N-1}^4} = \left\{\overline{S_1}, \overline{S_2}, ..., \overline{S_{N-1}}\right\}$$
$$(3-26)$$

$$\overline{W_1^5} = \left\{\overline{S_1}, \overline{S_2}, ..., \overline{S_N}\right\}$$
$$(3-27)$$

주어진 음성기반 암호 텍스트에 따라 위와 같은 안티 모델을 생성하여 단어 네트워크를 만들고 나면 인증을 할 준비가 끝난 상태이다. 화자가 특정한 단어를 발화하면 각각의 경쟁 모델들은 음성기반 암호 모델과 함께 경쟁을 하면서 모든 경로의 누적 우도 함수 값을 계산하게 된다. 그리고 최종적으로 가장 큰 우도 함수를 지닌 인덱스가 선택된다. 그러나 이러한 값은 신뢰성 테스트를 거치지 않은 결과이기 때문에 다음절에서 두 번째 단계인 발화 신뢰성 테스트를 통해 인증의 정확도를 높이는 방법을 제시한다.

3.2.2.3 신뢰성 테스트를 통한 발화 검증 기법

음성기반 암호 인증을 위한 두 번째 단계로 발화 검증 단계를 수행한다. 가장 일반적인 방식으로 사용되는 것은 우도 함수를 이용한 우도 함수율 테스트(LRT: log-likelihood ratio test)이다. 우도 함수는 비터비 검색 동안 음소레벨, 음절레벨, 단어레벨에서의 누적 우도 함수 값들을 가질 수 있고, 이러한 중간 단계에서의 신뢰성 테스트 측정기준을 가질 수 있다. 이러한 신뢰성 검증 기법에서의 가장 주의해야 할 사항은 선택적 가설 모델을 잘 만들어야 한다는 것이다. 실제 모델의 데이터는 알려지지 않았고 선택적 가설 모델은 일반적으로 복잡하게 결부된 사건들을 나타내기 때문이다. 일단 선택적 가설 모델이 세워지고 테스트 시에 관측 분리된 일정의 단위(segment)가 주어지면, 시스템은 서브워드 단위를 각각의 가설 H_0 또는 H_1에 할당시키기 위한 결정 규칙을 필요로 한다. 이러한 결정 규칙을 위한 테스트 방식으로 네이만-피어슨 전제방식인 이진 결정 규칙(binary decision rule)을 다음 식 (3-28)과 같이 정의하여 사용한다.

$$LRT(X) = \frac{P(X/H_0)}{P(X/H_1)} = \frac{P(O_n/\lambda_n)}{P(O_n/\overline{\lambda_n})} \geq \eta \qquad (3-28)$$

여기서 변수 H_0은 가설이 참이고 H_1은 가설이 거짓인 것을 나타낸다. 변수 λ 는 서브워드 모델이고 $\overline{\lambda}$ 는 반 서브워드 모델들을 나타낸다. 그리고 변수 X는 서브워드의 수가 N인 발화된 입력 시퀀스를 나타낸다. 따라서 식 (3-28)은 우도 함수율이 일정함 임계치 η 보다 크면 가설을 참으로 받아들이는 방식이다. 즉, 서브워드 단위에 대해 관측 데이터의 정렬이 이루어진 후에, 발화 신뢰성 테스트를 서브워드의 우도 함수 값을 이용해서 테스트하는 것이다.

서브워드 정렬 및 우도 함수 값 계산은 비터비 검색 동안 로그 도메인상에서 수행된다. 우도 함수율 정규화를 위해 평균 프레임을 이용한 우도 함수율, R_n은 다음 식 (3-29)와 같이 정의될 수 있다.

$$R_n = \frac{1}{l_n}\left[\log P(O_n/\lambda_n) - \log(O_n/\overline{\lambda_n})\right] \qquad (3-29)$$

여기서 변수 $\overline{\lambda}$ 는 반모델로 생성된 경쟁모델들을 나타낸다. $\log(O_n/\overline{\lambda_n})$ 는 은닉 마코브 모델 네트워크를 따라 비터비 검색 동안 음성기반 암호 모델과 경쟁하면서 계산된 우도 함수를 나타낸다. 우도 함수들의 데이터 정렬

68

을 통해 가장 상위 N개의 값을 가지는 우도 함수들만을 선별하여 사용한다. 식 (3-30)은 식 (3-29)에서 N개의 선택된 우도 함수만을 이용하여 계산하는 방식을 재정리한 것이다.

$$R_n = \frac{1}{l_n}\left[\log P(O_n / \lambda_n) - \frac{1}{nBest}\sum_{m=1}^{nBest}\log(O_n / \overline{\lambda_m}) \right] \qquad (3\text{-}30)$$

식 (3-30)의 값의 결과 범위는 굉장히 큰 편차를 가지고 있다. 이러한 편차는 임계치를 설정해서 테스트하는 방식에 적합하지가 않다. 따라서 이러한 편차를 줄이기 위해 정규화 기법을 사용하여 변수 값의 범위(dynamic range)를 일정한 범위 내로 매핑시킨다. 한가지 방법으로 식 (3-31)와 같이 시그모이드 함수(sigmoid function)를 사용하는 방식이다[2].

$$U_n = \frac{1}{1 + \exp(-\alpha \times (R_n - \tau))} \qquad (3\text{-}31)$$

여기서 변수 τ 와 α 는 파라미터들을 위치시키고 가중치를 부여하기 위한 변수이다. 로그 도메인상에서의 신뢰성 값(confidence scrore)들은 로그 우도 함수 값이 0보다 작을 때, α 값의 경사도를 가진다. 그리고 변수 τ 는 우도 함수율에 의해 발생된 값의 범위를 감소시키는 역할을 한다. 두 변수를 이용해서 우도 함수 값의 결과를 조정할 수 있다.

3.2.2.4 신뢰도 측정 함수의 데이터 융합 기법

안정적인 음성기반 암호 인증을 위해 시스템은 다양한 신뢰도 측정 함수들을 사용할 수 있다. 신뢰도 측정을 위한 다양한 기준을 세우고, 이를 적절하게 융합하는 방식을 사용한다. 식 (3-32)와 같이 입력 관측 데이터, O를 위한 신뢰도 측정함수는 다음과 같이 표현될 수 있다.

$$CM(O) = f\left(CM_1, CM_2, ..., CM_N\right) \qquad (3-32)$$

여기서 함수 $f()$는 인증을 위한 값들을 조합하기 위한 융합 함수이다. 대부분 중간단계에서 나온 우도 함수 값이나 우도 함수율을 위한 함수로서 정의된다. 융합단계는 이러한 전체 레벨에서의 최종 결정을 위한 결합 확률 값으로 간주될 수 있다.

첫 번째 신뢰도 측정을 위한 함수로는 각각의 음소가 은닉 마코브 모델의 특정한 상태에 일정기간 동안 머물러 있었는지에 대한 평균치의 정규화 함수를 식 (3-33)과 같이 사용할 수 있다.

$$CM_1 = \frac{1}{L}\sum_n^N \left(l_n * R_n\right) \qquad (3-33)$$

여기서 변수 N은 발화에서 서브워드의 총 수를 나타내고, 변수 L은 발화된 프레임들의 총 수로서 $L = \sum_{n=1}^{N} l_n$ 으로 나타낼 수 있다. 두 번째로는 음절단위로 세그먼트 된 단위를 사용할 수 있다. 다음의 식들은 모든 음절에 대한 우도 함수들의 평균치를 나타낸다.

$$CM_2 = \frac{1}{N}\sum_n^N R_n \qquad (3-34)$$

$$CM_3 = \exp\left(\frac{1}{N}\sum_{n=1}^N \log R_n\right) \qquad (3-35)$$

$$CM_4 = \frac{1}{N}\sum_{n=1}^N U_n \qquad (3-36)$$

$$CM_5 = \exp\left(\frac{1}{N}\sum_{n=1}^N \log U_n\right) \qquad (3-37)$$

70

여기서 식 (3-34)와 (3-35)은 가중치가 부여되지 않은 서브워드 레벨의 우도 함수 값의 산술 및 기하 평균값을 나타낸다. 그리고 식 (3-36)와 (3-37)은 시그모이드 함수에 의해 가중치가 부여된 우도 함수 값의 산술 및 기하 평균값을 나타낸다. 이렇게 설정된 신뢰도 측정 함수들은 데이터 융합 기법을 통해 보다 신뢰적인 결정을 내릴 수 있는 결과를 제시하며, 이에 따른 임계치 설정이 따른다. 만약 최종적인 결과치가 일정의 임계치 보다 작다면 첫 번째 단계에서 인증에 성공했다고 해도 실패로 간주된다.

3.2.3 음성기반 암호 인증기술 실험평가

3.2.3.1 실험 조건

발화된 음성기반 암호를 인증하기 위해 음성입력 샘플링 율은 16비트 PCM 방식을 사용한다. 음성인식의 입력 및 음성합성 출력을 위한 샘플링 율도 역시 16비트 PCM 방식을 사용한다. 음성기반 암호 인증 및 음성인식을 위해 사용되는 음향모델은 서로 공유를 하며 고속화 및 메모리 최적화를 위해 구조적, 알고리즘적 최적화 방식을 적용한다. 발화된 음성의 분석을 위해 10msec의 이동 구간을 가지고 125msec의 프레임을 가지고 처리하며, 26차 MFCC와 로그 에너지를 특징벡터로 사용한다.

훈련 데이터베이스는 사무실환경에서 녹음된 6,000개의 고립단어를 20명의 사람이 2번씩 발화하여 만든 데이터베이스로 구성된다. 훈련된 음향모델을 테스트하기 위해 PBW452 데이터베이스를 사용한다. 이 데이터베이스는 452개의 고립단어 목록을 가시며 사무실 환성에서 녹음된 63,280개의 발화된 데이터로 구성된다. 데이터베이스 구성을 위해 70명의 남자와 여자가 2번씩 발화해서 만들었다. 따라서 훈련 및 테스트를 위해 사용된 데이터베이스는 마이크로폰의 특성도 다르고, 환경적인 부분도 약간 틀리다. 테스트 데이터의 63,280 발화 중에 140 단어는 음성기반 암호로 사용되었고, 140개의 다른 단어는 잘못 발화된 단어로 간주하고 사용된다. 452개의 음성기반 암호에 대한 평가는 FAR(False Acceptance Rate)과 FRR(False Rejection Rate)을 사용하여 평가를 했고 0.1씩 이동하면서 계산된 임계치에 따른 결과를 통해 FRR과 FAR이 일치하는 점인 EER(Equal Error Rate)을 최종의 임계치 값으로 결정한다.

3.2.3.2 음성기반 암호 인증 실험 결과

한국어에서 자음은 조음 방법 및 위치에 따라 생성되며 모음은 혀 위치 및 개구도에 의해 생성된다. 이러한 음성의 생성 규칙에 의해 제시된 안티 음소 모델은 경쟁모델로 사용된다. 경쟁 모델은 어떤 사람이 잘못된 단어를 발화했을 때, 요구된 단어와 완전히 다른 단어나 유사한 단어를 발화할 경우, 음성기반 암호 모델의 확률 값보다 누적 확률의 우도 함수 값을 증가시켜, 최종적으로 이를 거절하기 위한 모델이다.

음성기반 암호는 매일마다 바뀔 수 있고, 언제든지 바뀔 수 있는 단어이다. 따라서 음성기반 암호 텍스트가 주어졌을 때, 이를 음성기반 암호로 인증하기 위해서는 요구된 음성기반 암호 모델을 자동으로 생성해서 등록할 수 있어야 한다. 이 경우 주어진 음성기반 암호에 특정적인 안티 모델이 요구된다. 왜냐하면 발화 검증을 위한 성능은 주어진 음성기반 암호에 의존적이 될 수 있기 때문이다. 본 시스템에서 제시된 발화검증 기법은 N개의 선택적 가정 모델을 사용한다. 사용된 모델은 우도 함수율 테스트를 위한 우도 함수 정규화 모델로도 사용된다.

음성기반 암호 인증 실험은 식 (3-22), (3-24), (3-25), (3-26), (3-27)을 모두 사용하여 테스트 되었다. 우선은 표 3-3과 표 3-4에서 제시된 두 가지 접근방법 중에 하나를 선택하기 위해 비교실험을 수행하였다. 각각의 접근방법의 성능평가를 위해 4개의 방식이 각각 평가되었다. 방법 1은 식 (3-27)을 이용해서 만들어진 안티 모델 집합이다. 방법 2는 식 (3-24)과 (3-27)을 이용해서 만들어진 안티 모델 집합이다. 방법 3은 식 (3-24), (3-25), (3-27)을 이용해서 만들어진 안티 모델 집합이다. 마지막으로 방법 4는 식 (3-22), (3-24), (3-25), (3-27)을 이용해서 만들어진 안티 모델 집합이다. 실험 결과는 첫 번째 접근방법보다는 두 번째 접근 방식이 약간 높은 것을 보여주었다. 표 3-6에서 볼 수 있듯이, 두 번째 접근방식의 검지 확률은 첫 번째 접근방법보다 약 2%가 높았고, 두 번째 접근방식의 FAR값은 첫 번째 접근방법의 FAR보다 약 1% 낮았다. 비록 큰 차의 성능은 가져오지는 않았지만, 그림 3-6와 같이 성능 최적화를 위해 두 번째 접근방법을 이용해서 접근을 시작한다.

표 3-6. 표 3-1 에서와 같이 1 대 다로 맵핑을 이용한 방식을 사용한 첫 번째 접근방식과 표 3-2 에서처럼 1 대 1 맵핑을 이용한 방식을 사용한 두 번째 접근 방식과의 비교평가 결과(임계치: *thres*=0).

적용된 방법론	첫 번째 접근방법: 1:다 매핑방식		두 번째 접근방법: 1:1 매핑방식	
	FRR	FAR	FRR	FAR
방법 1	0.0088179	0.5827750	0.0087547	0.5759799
방법 2	0.0171302	0.5166876	0.0168885	0.5069785
방법 3	0.0567947	0.2383059	0.0561109	0.2262200
방법 4	0.2288869	0.0987989	0.2053726	0.0840138

그림 3-9 (a)에서와 같이 방법 1은 FRR의 값이 낮은 반면, FAR의 값은 너무 높다. 또한 EER을 찾을 수 없기 때문에 적절한 임계치 값 선정이 곤란하다. 방법 2(Figure 3-9 (b))와 방법 3(Figure 3-9 (c))에서는 EER

이 각각 0.09와 0.125 값을 가진다. 그러나 이 경우는 다양한 조건이나 상황에 대한 대처 능력이 떨어질 수 있다. 방법 4 역시 EER을 가지지 않기 때문에 방법 1과 같은 문제를 가진다. 그림 3-9 (a, b, c, d)에서 볼 수 있듯이, 각각의 안티 모델은 완벽히 다른 단어나 유사한 단어를 다루기는 힘들다. 따라서 방법 2를 기반으로 추가적인 실험을 수행하였다. 그림 3-9 (b)는 식 (3-24)에서 M의 값을 1로 설정했을 때, 방법 2의 결과를 나타낸다. 방법 2에서 식 (3-24)에서 M값을 3으로 했을 때 FRR과 FAR의 성능이 올라가는 것을 볼 수 있었다. 그림 3-10은 비교결과를 보여준다. 방법 5는 방법 2에 식 (3-24)의 변수 M을 3으로 했을 때를 말한다. 이 결과는 긴 음소로 이루어진 안티 모델은 특정 사람이 긴 단어로 구성된 잘못된 발화를 했을 때, 오인식률을 줄여주는 역할을 한다는 것을 보여준다.

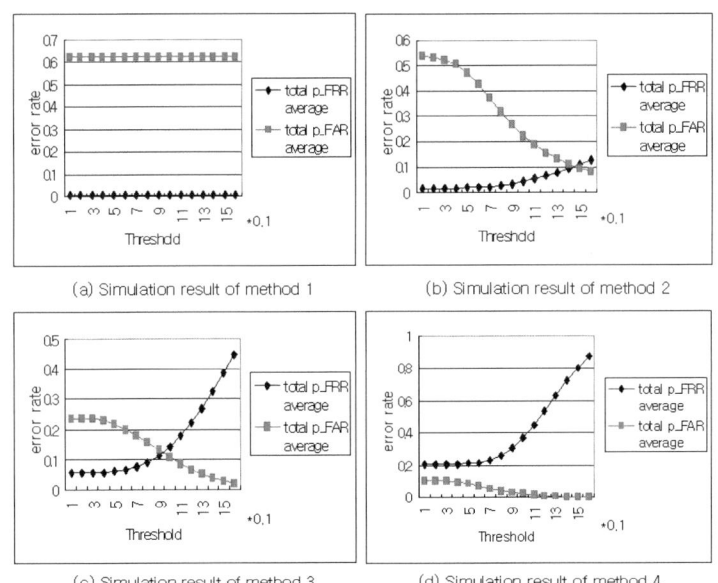

(a) Simulation result of method 1

(b) Simulation result of method 2

(c) Simulation result of method 3

(d) Simulation result of method 4

그림 3-9. 음성의 통계학적 거리정보를 이용해서
제안된 두 번째 접근 방식의 실험결과.

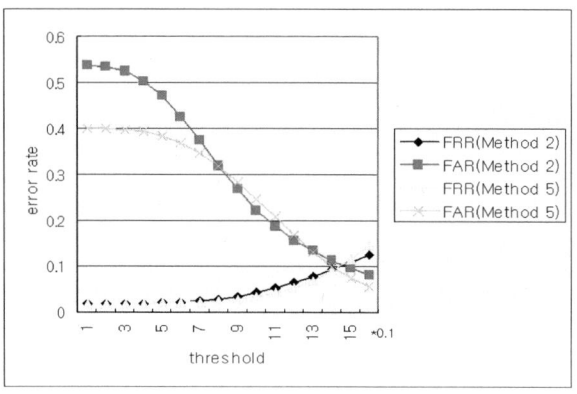

그림 3-10. 제안된 방식 2번과 5번을
사용한 실험결과의 비교 평가

그림 3-10의 결과를 사용해서 방법 2의 안티 모델 식에 식 (3-25),
(3-26)를 포함한 안티 모델을 구성한다. 그림 3-11에서 방법 6은 식
(3-25)을 조합한 안티 모델식을 이용한 것이다. 방법 7은 식 (3-26)를
조합한 안티 모델식을 이용한 것이다. 방법 8은 식 (3-25)와 (3-26)을
조합한 안티 모델 집합을 이용한 것이다. 방법 7과 8은 유사한 결과를 보여
준다. 반면 방법 8은 약간 향상된 결과를 보여주며, 다양한 화자의 발성에
매우 잘 대처할 수 있는 모델이라 방법 8의 모델이 더 우수하다고 말할 수
있다.

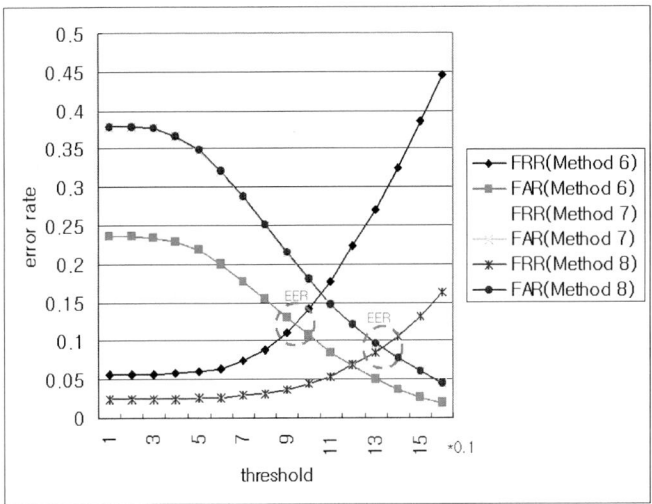

그림 3-11. 제시된 방법 6,7,8번을 이용한 비교 평가결과.

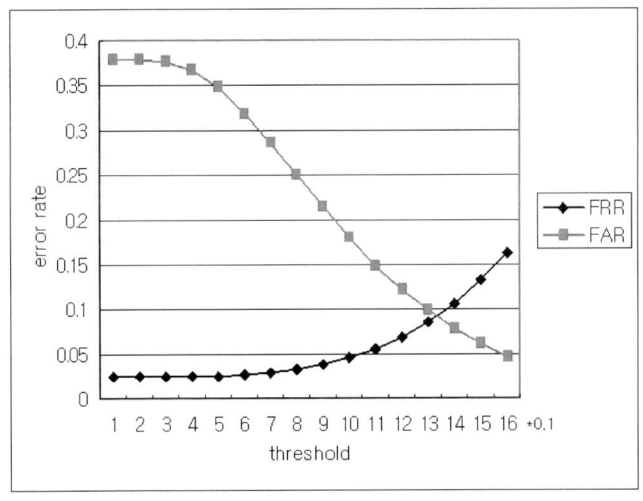

그림 3-12. 경쟁모델을 이용한 최종 실험결과

76

마지막으로 그림 3-12에서처럼, 방법 8에 식 (3-22)를 사용한 안티 모델을 생성한다. 마지막 방법의 곡선 및 결과는 그림 3-8의 것과 유사하지만 그림 3-8의 결과보다 약간은 향상된 버전이다. EER은 0.08의 값을 가진다. 이 결과는 표 3-7에서처럼 발화평가 결과상에서 16%의 향상을 가져온다. 표 3-7는 다른 알고리즘과의 비교 실험을 통해 제시된 방식이 가장 우수함을 나타낸다.

표 3-7. 다른 발화평가 알고리즘과의 비교실험결과 (임계치: threshold = 1.2).

알고리즘 임계치	Subword LRT	Phonetic filler	5-best LRT	256 mix GMM	제시된 방법
1.2	0.1882	0.1448	0.2432	0.1862	0.08

제시된 방법은 성능이 주어진 음성기반 암호에 의존적이 되지 않는 안티모델 생성을 자동화하도록 규칙을 제공한다. 즉, 음성기반 암호의 독립적인 모델 생성을 위해, 주어진 음성기반 암호 분석을 통한 음성기반 암호에 특정적인 모델만을 생성한다. 식 (3-22), (3-24), (3-25)은 유사한 단어를 거절하기 위해 만들어진 안티 모델 집합을 나타낸다. 식 (3-26), (3-27)은 완전히 다른 단어를 거절하기 위한 안티 모델 집합을 나타낸다. 그림 3-9와 같이, 안티 모델을 위한 특정적 식은 각각의 식들이 독립적으로만 적용됐을 때는 낮은 성능을 보여주는 것을 알 수 있다. 이것은 각각의 안티 모델을 위한 식이 특정한 상황에만 고려된 식이기 때문에 범용적인 데이터베이스에서의 성능이 낮을 수밖에 없다. 그렇지만 조합된 안티 모델 식은 다양한 발화 상황에 모두 대처할 수 있기 대문에 좀 더 안정적인 성능을 가져온다. 만약 안티 모델의 모델링 방식이 정확하게 안 되었고, 사용된 안티 모델의 수도 적다면 성능은 주어진 음성기반 암호 텍스트나 발화된 단어에 의존적이 될 수 있다. 반대로, 만약 너무 많은 안티 모델이 적용되고, 매우 정밀한

안티 모델링을 수행한다면, 특정한 단어들은 발화평가 단계에서 거절이 될 수도 있다. 안티 모델의 누적된 우도 함수 값들은 음성기반 암호 단어에 유사한 발화를 수행했을 때 증가되기 때문이다. 따라서 최적의 안티 모델 수는 실험적 평가를 통해서 사용되어야 한다. 그래야 안정적인 성능을 보일 수 있다.

3.2.3.3 옥외 환경에서의 음성기반 암호 인증 실험 결과

음성기반 암호 인증 시스템은 일반적으로 옥외의 야외 환경에서 사용된다. 따라서 환경적인 잡음소리에 안정적인 음성기반 암호 인증 능력을 요구한다. 이러한 문제를 해결하기 위해 음성의 하모닉스에 기반한 주파수 차감법 알고리즘을 적용한다. 잡음제거 실험평가는 연속 숫자음 Aurora 2 데이터베이스 평가 절차에 의해 수행되었다. 테스트 집합은 TIDigits 데이터베이스가 사용됐다. 전체 음성 데이터는 8KHz로 다운 샘플링 되었고 다양한 잡음은 인위적으로 추가되었다. 특징벡터로는 39차의 MFCC와 로그에너지가 사용되었다.

비교평가를 위해 음성의 하모닉스 기반의 주파수 차감법(HSS: harmonics based spectral subtraction)과 주파수 차감법은 표 3-8와 같이 평가되었다. 표 6-5에서 볼 수 있듯이, HSS는 다른 알고리즘에 비해 우수한 성능을 보여준다. 제안된 알고리즘의 장점은 다양한 잡음 환경하에서 SNR(signal to noise ratio) 추정을 요구하지 않는다는 것이다. 만약 잡음 특성이 일정하고 하모닉스 각각의 크기(magnitude)가 잡음에 의해 영향을 받지 않는다면 주파수 차감법은 그 자체로 동작을 수행할지도 모른다. 그렇지만, 실제 생활에서의 조건은 항상 그렇지만은 않다. SS의 경우에, 잡음의 특성이 일정하지 않은 경우 사후(posteriori)확률의 바이어스 된 SNR은 정확하게 추정되지 않는다라는 사실로부터, 사이드 로브(side-lobes) 부분보다는 하모닉스 부분에서 더욱 잡음의 크기를 차감함으로써 하모닉스 부분의 형태에 왜곡이

생길 수도 있다. 결국 음성인식 시스템에서 낮은 성능을 가져오게 된다. 따라서, HSS의 성능을 향상 시키기 위한 열쇠는 스펙트럼에 따라 하모닉스 위치를 정확하게 나타내는 것이다.

표 3-8. Aurora 2 데이터베이스를 이용한 훈련 및 테스트 조건이 틀린 환경 (mismatched training/testing condition) 하에서의 인식정확성 평가

	baseline	SS	HSS
Baseline	60.06	77.89	80.59
CMN	71.16	78.56	82.00

잡음제거를 위해 개발된 HSS 알고리즘은 음성기반 암호 인증 실험에 적용되었다. 테스트를 위해 PBW452 데이터베이스가 사용되었다. 실험결과는 표 3-9와 같다. 사람의 말소리가 섞인 잡음(babble noise)에서 EER은 빠른 감소를 보여주지 않았다. 반면, 화이트 잡음(white noise) 환경에서는 EER의 빠른 감소를 보여주었다. 그렇지만, HSS 알고리즘을 적용했을 때와 비교했을 때, 40%의 성능 향상을 가져온 것을 알 수 있다.

표 3-9. 사람의 목소리가 섞인 잡음과 일반 화이트 잡음 하에서의 음성기반 암호 인증을 위한 EER(equal error rate) 평가 결과

		EER(EQUAL ERROR RATE)			
		Clean	5dB	10dB	15dB
Clean DB	FRR	0.076738	–	–	–
	FAR	0.109624	–	–	–
Babble Noise	FRR	–	0.088653	0.088069	0.089238
	FAR	–	0.096128	0.095923	0.095385
White noise	FRR	–	0.518268	0.376042	0.221871
	FAR	–	0.362295	0.320828	0.218299

3.2.3.4 실험결과 토의 및 의견

문맥 요구형 화자 독립 인증 방식을 위해 제시된 알고리즘은 우도 함수율 평가에서 상위 N개의 최대 우도 함수 값들을 가지고 정규화를 시키기 위해 사용될 때, 추가적인 훈련모델 없이 음성기반 암호 인증을 수행할 수 있다는 것을 보여주었다. 핵심적 사항은 선택적 모델이 항상 목적 모델의 같은 상태를 따라 천이하기 때문에 음소의 통계적 거리 정보를 이용하여 작성한 안티 모델인 경쟁 모델을 사용한다는 점이다.

패턴 분류 문제로서의 전통적인 음성인식 알고리즘은 가장 최적의 우도 함수 열을 갖는 단어를 찾기 위해 최대 사후 확률 결정 규칙(maximum a posteriori decision rule)을 사용하는 것이다. 각각의 음소들은 상태를 나타내는 은닉 마코브 모델을 이용하여 모델링 된다. 발화된 음성인식 해석 단계로 진입하면, 우도 함수 값은 음성의 마지막 점이 검지될 때까지 단어의 모든 열을 계산한다. 따라서 발화된 음성의 특징벡터와 유사한 음소 모델의 우도 함수 값은 증가하게 된다. 반면, 유사하지 않은 음소모델의 우도 함수 값들은 작은 값들을 가지게 된다. 특정 사람이 어떤 단어를 발화하게 되면, 주어진 음성기반 암호 단어와 유사한 단어나 전혀 상이한 단어를 발화할 수 있다. 전통적인 음성인식의 경우 유사한 단어를 발화하게 되면 설정된 음성인식 네트워크에서 가장 유사한 단어목록으로 인식한다. 이러한 문제는 사용자 인증방식에는 적합하지 않다. 즉, 설정된 단어목록 이외의 음성이 발화됐을 경우, 이를 거절하는 기술이 필요하다. 따라서 이러한 문제점을 해결하고자 하는 노력에서 발화검증 기법이 개발되었고, 높은 성능을 위해 주어진 음성기반 암호에 특정적인 안티 모델 자동생성 기법이 제시되었다.

만약 선택적 가정모델의 모델링이 매우 잘 됐다면, 음성기반 암호 인증 작업은 필러(filler) 모델이나 가비지(garbage) 모델과 같은 Off-Line에서 훈련된 모델 없이 모델 간에 경쟁을 유발시킴으로써 해결될 수 있다. 특정한 경우에 있어서, 전통적인 우도 함수율은 가장 대표적인 선택적 가정을 찾지 않는다. 따라서 선택적 가정모델의 모델링이 음성기반 암호 인증을 위한 중요한 고려사항이다.

실험적인 결과로부터 다수의 안티 모델의 사용은 검지 확률을 저하시킨다. 반면 적은 안티 모델의 사용은 오인식률을 저하시킨다. 따라서, 음성기반 암호 모델에 경쟁 가능한 최적의 안티 모델수의 사용이 요구된다. 또한, 외부의 환경적인 사항도 고려되어야 한다. 이러한 환경하에서의 화자 인증률은 매우 낮으며, 음성기반 암호 인증률의 경우도 마찬가지다. 비록 잡음제거 알고리즘으로 음성의 하모닉스에 기반한 알고리즘이 사용되었다 하더라도 인증률을 증가시키고 안정적으로 만들기 위한 몇 가지의 알고리즘들이 요구된다. 빗소리, 바람소리, 천둥소리, 파도소리와 같은 환경적인 요인들은 오인식을 위해 많은 장애를 제공하기 때문이다. 따라서 특징보상 알고리즘 등이 추가로 개발되어 잡음으로부터 오염된 음성신호를 깨끗한 환경에서의 음성신호로 보상하는 알고리즘 개발도 필요하다. 특징보상 알고리즘은 일반적인 잡음제거 알고리즘을 적용한 후의 잔여잡음에 대해서도 보상이 가능하기 때문에 잡음제거 알고리즘과 같이 적용 가능하다.

3.3 대화식 인지 방법을 위한 이종센서 융합 기법

이번 절은 사용자 인증을 위해 검지된 인간과의 대화식 인터페이스 지원을 위한 음성 기반의 사용자 인터페이스(user interface) 방식에 대해 기술한다. 인간과 컴퓨터 간의 인터페이스는 동적인 정보를 상호간에 전달 및 의사 소통을 위해 사용하는 인터페이스로서 음성 기반 기술은 이러한 상호통신을 위해 보다 효율적이고 쉬운 방법을 제시한다. 대화는 인간과 인간 간의 의사소통을 위한 중요한 수단으로서 인간과 컴퓨터 간의 대화 시에 음성인식 기술이나 음성합성 기술을 통한 최첨단 인터페이싱 방식이라고 말할 수 있다.

3.3.1 음성기반 사용자 인터페이스

음성기반 사용자 인터페이스(VUI: voice user interface)는 음성인식 및 음성합성 기술을 이용한 음성 기반의 대화식 사용자 인터페이스를 말한다. 음성 기반의 대화식 방식은 인간과 인간간에 대화를 통해 의사를 전달하듯이, 인간과 컴퓨터 간의 상호작용을 위한 가장 자연스런 인터페이스 요소라고 할 수 있다. 특히, 지능형 로봇, 시스템 자동화 등 주요 인터페이스로서 활용되고 있다. 대화식 인터페이스를 위해 음성기반 사용자 인터페이스는 인간의 귀와 입을 나타내는 마이크로폰과 스피커 센서를 사용한다. 두 개의 이종센서를 사용하여 처리하기 때문에 각각의 센서 간의 동기화 및 일정규칙을 이용한 자연스런 방식제공을 위해 음성기반 사용자 인터페이스는 의미론적 규칙 기반의 융합 기법을 사용한다. 이에 대한 기법은 5장에서 기술될 것이다. 이번 절에서는 음성기반 사용자 인터페이스 제공을 위해 요구되는 몇 가지 기술과 제약 사항 등에 대해 알아본다.

3.3.2 먼 거리에서의 음성인식을 위한 전처리 기술

음성인식의 정확성을 떨어트리는 요소 중에 가장 큰 원인은 잡음문제이다. 이 외에도 최근 발생되고 있는 관심 중에 마이크로폰이 멀리 떨어져 있는 환경상에서도 인식률을 높이는 문제가 있다. 기존의 음성인식을 위한 음향모델이 마이크로폰에 가까이에서 녹음을 한 음성데이터베이스를 이용하여 생성된 모델을 사용하기 때문에, 훈련모델과 실제 테스트 환경에서의 음성 획득적인 면에서 다르기 때문에, 모델의 분포가 달라져 비정합(mismatch) 문제가 발생을 하기 때문이다. 먼 거리에서의 음성인식 기술은 최근 지능형 빌딩 시스템(IBS: intelligent building system)과 같은 응용에서 거실 등에 마이크로폰을 하나 설치하고 주변에서 PTT(push to talk) 버튼 없이 자유로이 발화 했을 때, 음성을 인식해서 가정용 기기를 동작하기 위한 목적으로 많은 요구사항이 있다.

　이러한 문제에 대처하기 위해 주변 환경에서의 잡음적인 요소를 줄이고 마이크로폰에서 떨어져서 음성발화를 할 경우, 음성의 전파 도중 발생하는 음성왜곡을 줄이기 위해 6개의 마이크로폰을 이용한 신호 강화 알고리즘이 적용될 수 있다. 다중의 마이크로폰을 사용한 음성, 음향처리 기법은 외부 환경, 자동차 환경, 원탁 회의 시스템 환경등과 같은 다중의 음성이나 음향이 발생할 수 있는 상황에서 음성을 발화하는 특정한 화자를 찾거나 신호를 강화하여 음질을 향상 시키기 위해 사용되었다[37], [38], [39], [40]. 또한 잡음제거를 위한 목적으로[41], [42] 사용되어 채널 간의 상호정보를 이용해 불규칙적으로 발생하는 잡음을 제거하기 위한 목적으로도 사용된다. 따라서 본 기술에서 제시하는 6채널 마이크로폰을 이용한 음성전처리 기술은 음성인식을 위한 목적뿐만이 아니라 신호강화 및 떨어진 거리에서 발화할 시의 화자의 추적 및 방향 추정 등을 위해 사용된다. 또 다른 접근방식으로는 먼 거리에서의 음성인식률을 높이기 위해서 신호강화 알고리즘 이외에도 특징보상(feature compensation) 알고리즘 또는 신호적응(signal adaptation) 알고리즘 방식 적용도 고려해 볼 수 있다. 근거리에서의 발화한 데이터베이스를 이용하여 모델을 만들어 사용했기 때문에 장거리에서의 발화 시, 이를 근거리에서 발화한 음성의 특성과 유사하게 만들어 주어야 하기 때문에 특징추출 단계에서의 특징벡터 보상 기법 또는 신호 획득 단계에서 뉴럴 네트워크 기반의 신호 적응화 기법 등이 적용될 수 있다.

지능형 감시 경계 로봇에서 잡음제거를 위해 사용되는 알고리즘으로는 지연시간 및 채널 간 합을 이용한 빔포밍(delay-and-sum beamformer) 기술과 적응적 잡음제거(ANC: adaptive noise canceller) 기법을 이용한다. 또한 음성 활성 검지기(VAD: voice activity detector)를 통해 음성 우세 구간의 신호를 강화 및 향상시킨다. 제시된 시스템은 DSP보드상에 구현되었고 5-30M까지의 신호를 획득하기 위해 초지향성 마이크로폰이 사용됐다.

3.3.3 음성인식 인터페이스 모달리티

음성인식 인터페이스는 인간의 감지기능인 귀(ear)를 모방한 멀티모달 시스템을 구성하는 하나의 기술요소이다. 그러나 인식하는 방법, 구성에 따라 적용되는 알고리즘은 다양화될 수 있다. 현재의 음성인식 기술수준 및 하드웨어 구성에 따라 음성인식 기술은 크게 임베디드형 음성인식 기술과 서버기반의 분산형 음성인식 기술로 구성 될 수 있다. 임베디드형 음성인식 기술은 PDA, 핸드폰, AutoPC와 같은 임베디드 시스템 상에서 음성획득, 음성의 특징벡터 추출, 해석과정(decoding) 등 모든 처리가 자체 시스템 내에서 처리되는 기술이다. 반면 분산형 음성인식 기술은 음성획득 및 음성의 특징벡터 추출과정은 임베디드 시스템 내에서 처리를 하고, 이를 무선통신 방식을 사용해서 음성인식 서버로 보내, 해석과정을 서버에서 처리하는 방식이다. 분산형 음성인식 기술의 경우, 네트워크 통신에 기반을 하고 있기 때문에 추가적인 무선 네크워크 사용 시, 패킷당 요금을 지불해야 하는 문제가 있고 서버에 연결하는 동안의 대기 시간 등이 있다. 이러한 요소를 가능한 한 줄이기 위해, 음성 명령 기반의 컨트롤은 가능한 임베디드형 음성인식 기술을 사용하여 처리하도록 한다. 임베디드형 음성인식 기술은 해당 서비스 메뉴에 해당하는 지역 인식리스트 목록과 전체 메인 메뉴를 위한 전역 인식

리스트를 가지고 있다. 전역 인식 리스트는 해당 서비스 메뉴가 어디에 있던지 간에 한번에 이동, 실행 가능한 목록을 포함한다. 이러한 인식목록은 메뉴 구성에 따라 트리 형태의 메뉴를 가지며 가변어휘 음성인식 기술이 사용된다. 반면, 분산형 음성인식 기술은 길안내, 즉 목적지 설정을 위한 음성인식 기술로 활용된다. 목적지 데이터(POI: Position Of Index Data)의 경우 서울의 경우만 10만 건이 넘기 때문에 동시에 10만 단어를 인식하기 위해 대용량 서버 인식기술의 필요로 인해 적용된다. 그러나 최근 하드웨어 시스템의 발전에 따라 대용량 음성인식 기술을 임베디드 시스템 내에 내장하려는 연구가 활발히 이루어지고 있는 실정이다.

위와 같은 기술분류는 개발자측면에서 고려되어야 할 사항이고, 일반 사용자 관점에서 분석을 한다면, 임베디드형 음성인식 기술이건, 서버 기반의 분산음성인식 기술인지에 상관없이 일관된 서비스(transparent service) 제공을 해야 한다는 것이다. 그림 3-13는 사용자 관점에서 일관된 음성기반 사용자 인터페이스[57], [58]를 제공하기 위해 인식모드 전환을 자동으로 할 수 있는 구조를 제공한다. 또한 일반 응용프로그램에게 일관된 인터페이스 제공을 함으로써, 응용프로그램에서 사용자 입력을 키보드나 마우스를 사용해서 입력을 받던지, 음성인식을 통해서 받던지에 상관없이 요청된 처리 및 응답을 할 수 있는 구조를 제공한다. 이와 같은 일관된 처리 방식을 위해 음성기반 사용자 인터페이스는 응용프로그램 간에 통신 프로토콜을 사용해 데이터를 송수신한다. 제시된 시스템의 구성을 살펴보면 다음과 같다. 음성인식 기술을 위해 사용된 특징벡터로는 MFCC가 가장 많이 사용되고 특징추출을 위해 ETSI에서 제정한 국제표준을 따른다. 음성인식 기술을 위한 전처리 부분은 임베디드형 음성인식 기술인지, 분산형 음성인식 기술인시에 따라 해석 부분이 임베디드상에 내장되어 있는지, 원격으로 특징데이터를 전송해야 하는지를 판단한다. 따라서 음성기반 사용자 인터페이스는 응용프로그램으로부터 응용프로그램 아이디, 협상된 시나리오 코드를 받아 분석한 뒤, 어떠한 해석기로 보내야 할지를 스스로 판단한다. 분산형 서버 기술을 사용해야만 하는 경우라면, 원격 접속에 따른 패킷 사용비용이 들기 때문에 음성기반 사용자 인터페이스는 사용자에게 음성합성 기술을 이용하여 요금부과에 대한 사항을 알리고 적절한 진행이 이루어지도록 안내하는 역할을 한다.

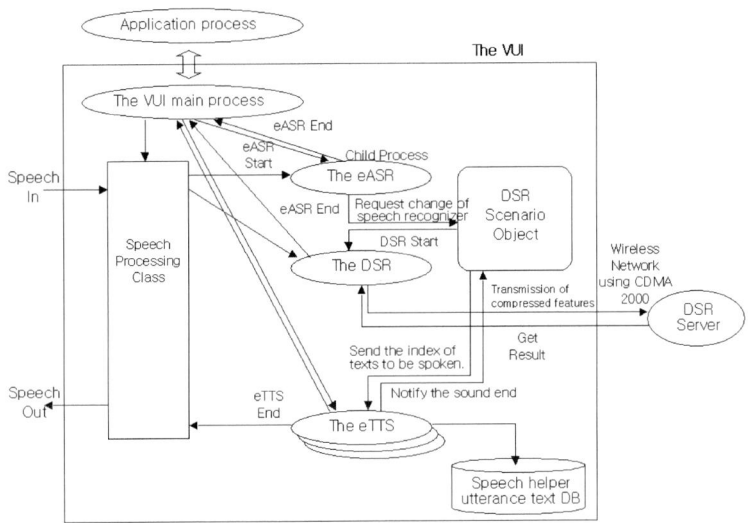

그림 3-13. 임베디드형 음성인식 기술 및 분산형 음성인식 기술을 위한 인식모드 전환 자동화 방식

제시된 방식의 활용 및 평가를 위해, 최근 각광을 받고 있는 텔레메틱스 (Telematics) 분야에 적용 평가해 보았다. 음성인식 성능을 평가하기 위해 다음과 같은 오프라인 실험평가와 함께, 실제 차량 운전 상황하에서 인식률을 평가한다. 임베디드 음성인식을 위해 사용되는 인식 단어 수는 약 5000개의 단어를 사용하고 있다. 각각은 메뉴방식을 사용하고 있기 때문에 동시에 인식 가능한 목록은 100단어 내외이다. 트리 기반의 인덱스를 가지고 메뉴가 변경될 때마다 가변적으로 인식목록을 바꾸어 사용한다. 분산음성인식 알고리즘의 경우 국내의 도시에 대한 목록을 가지고 있으며, 각 도시마다 약 10,000개의 인식목록을 동시에 인식하는 기능을 가진다.

임베디드 음성인식을 위해 가변 어휘기반 고립단어 인식기는 계산 시간을 줄이고 메모리를 효율적으로 사용하기 위해 최적화 될 수 있다. 음성신호는 10msec의 이동구간과 125msec의 프레임 크기를 이용해 26차의 MFCC 와 로그에너지를 사용한다. 음성 인식기의 경우 응용으로 텔레메틱스 환경 에서의 자동차 잡음환경을 고려했는데 이러한 자동차 잡음 특성에 안정적 성능을 보이기 위해 잡음제거 알고리즘과 함께 다변량(multivariate)의 가 우시안 분포 기반 켑스트럼 정규화를 이용한 특정보상 기법을 사용하였다. 또한 메모리 최적화를 위해, Tied-State 기반의 은닉 마코브 모델을 사용 하였다.

실제 차량상에서의 테스트는 그림 3-14와 같은 테스트 환경하에서 음성 인식 성능평가를 수행했다. 이에 대한 성능은 표 3-10과 같다. 차량 속도 는 저속이 20에서 60Km/H의 속도 범위를 가지며 고속은 70에서 110Km/H의 속도범위를 갖는다. 실험에 참여한 사람들은 여자 20명, 남자 20명으로 연령별로 고르게 분포한다. 사용된 차량은 2000cc급인 옵티마와 쏘나타를 사용했다. 동시 인식목록 수는 100단어를 사용했다. 표 3-10의 실험결과를 볼 수 있듯이, 주행환경에서도 94% 이상의 안정된 결과를 보여 주며, 적용된 잡음제거 알고리즘 및 인식 알고리즘이 최적화 되어 좋은 성능 을 보여주고 있음을 알 수 있다.

표 3-10. 실차 테스트

	office	low-speed	high-speed	average	Car
Off-line	99.69	94.44%	92.10%	−	Avante (1800CC)
Men	−	95.4%	96%	95.7%	EF Sonata, SM5(2000CC)
Women	−	92.5%	93.42%	92.96%	EF Sonata, SM5(2000CC)
Average	−	93.95%	94.71%	94.33%	EF Sonata, SM5(2000CC)

(a) CNS Demo program   (b) real test on a car

그림 3-14. 실차 테스트 환경

3.3.4 음성합성 인터페이스 모달리티

음성합성 인터페이스 역시 인간의 감지기능인 입(mouth)을 모방한 멀티모달 시스템을 구성하는 하나의 기술요소이다. 음성합성 기술은 음성인식에 대한 응답 기능 및 서비스 이용을 원활히 하기 위한 방송 및 안내 역할을 수행한다. 음성합성 기술은 음성기반 사용자 인터페이스를 위한 부분기술로 도입되어, 음성인식 후 인식된 결과를 알림(확인 발화)으로써 사용자가 인식이 성공했는지 오인식 됐는지를 판단할 수 있다. 또한 잘못된 사용이 발생했을 경우 이에 대한 안내 메시지를 말로 표현하고 시스템의 상태나 처리상태에 대한 정보도 사용자에게 알려주는 역할을 한다. 따라서 이러한 상태 알림을 위해 기본적인 문장 데이터베이스를 보유하고 있다. 그러나 특정 응용프로그램에 의존적인 상태를 알리기 어렵기 때문에, 음성기반 사용자 인터페이스는 응용프로그램으로부터 요청된 해당 문장을 텍스트로 받아 처리한 후 이를 사용자 알리는 방식을 사용한다.

본 시스템에서 사용된 음성합성 기술은 코퍼스 기반의 연결형 음성합성 기술을 사용한다. 음성합성 기술은 크게, 텍스트 및 음운 분석 부분, 운율 생성부분, 신호처리 합성 부분으로 구성된다. 텍스트 및 음운 분석 부분은 문장 구조 분석, 텍스트 정규화, 언어학적 형태소 분석, 텍스트 발음 변환기 등의 처리를 수행한다. 운율 생성부분은 분석된 텍스트 정보를 이용해서 운율을 생성하기 위한 규칙을 생성하는데, 이를 위해 CART (classification and regression tree) 알고리즘을 사용한다. CART 규칙에 의해 생성된 피치 (pitch) 정보나 운율 지속구간 등등의 정보를 이용해 해당 코퍼스를 찾고 신호처리 합성부분에서 이를 연결해서 최종의 결과물을 생성한다.

음성기반 사용자 인터페이스에서 음성합성 인터페이스는 임베디드 시스템 상에서의 고속화를 위해 알고리즘 및 구조적 코드 최적화를 수행하였다. 그렇지만 합성 데이터베이스의 크기로 인해 외부 저장메모리가 사용되는데 플래쉬 메모리 같은 장치의 엑세스 타임이 늦어 최적화의 한계를 여전히 가지고 있다. 최적화 및 튜닝된 음성합성 알고리즘을 이용해서 표 3-11와 같이 음성합성기의 음성의 질(Quality)을 평가했다. 테스트 방법은 평균 의견 값 (MOS: Mean Opinion Score)을 사용했고 남자, 여자 각각 20명씩 참여했다. 출력 샘플링 율은 16Khz가 사용됐다. 연결기반 음성합성 알고리즘의 경우, 음성 합성기의 성능은 음성합성 데이터베이스의 크기와 관련이 있다. 즉 얼마나 많은 트라이폰을 가지고 있으며 가지고 있는 트라이폰 중에서 가장 최적의 것을 선택하는 문제가 음성합성의 질을 좌우한다. 테스트에 이용된 음성 합성기는 1,2,4,5번이다. 음성 합성기 1은 32M의 합성 데이터베이스로 구성되며 남자 목소리다. 음성 합성기 2는 64M의 합성 데이터베이스로 구성되며 남자 목소리다. 음성 합성기 4는 32M의 음성합성 데이터베이스로 구성되며 여자 목소리다. 음성 합성기 5는 64M의 합성 데이터베이스로 구성되며 여자 목소리이다. 음성 합성기 3은 외부 벤치마크회사에서 개발한 것으로 32M의 합성 데이터베이스로 구성되며 여자 목소리이다. 표 3-11 로부터의 실험 결과 분석을 통해 최적의 성능을 가지며 메모리 크기에 적합한 합성 데이터베이스를 여성 목소리, 40M 합성 데이터베이스를 구성하여 적용했다.

표 3-11. 음성합성 평가:MOS (Mean Opinion Score) 테스트

	TTS1 (32M)	TTS2 (64M)	TTS3 (32M)	TTS4 (32M)	TTS5 (64M)	TTS6 (40M)
Men	2.93125	3.41675	4.00625	3.65625	4.01875	3.95421
Women	2.66875	3.04375	3.25	3.0625	3.44375	3.3478
Avg.	2.8	3.23025	3.628125	3.359375	3.73125	3.651005

3.3.5 시스템 적용 시 유용성 고려사항

음성기반 사용자 인터페이스는 사용상의 편의성이 제공되지 않는다면, 음성 기반의 대화식 방식이라고 해도 인간과 컴퓨터 간의 최적의 인터페이스라고 말할 수 없다. 따라서 사용자의 유용성 측면(usability issues)에서 효율적인지를 분석해야 한다. 또한 음성인식 실패에 따른 시나리오 대책도 강구가 되야 한다.

첫 번째로 음성인식 성능의 안정성 문제를 볼 수 있다. 주변 잡음환경에 노출되어 있기 때문에, 언제 어디에서든지 발화 했을 때 정확한 음성검출이 어렵기 때문에 안정적인 음성인식 성능을 보장할 수 없다. 이러한 이유로 음성인식을 시작하려고 하는 시점에서 발화된 음성 신호를 안정적으로 획득하기 위해 이를 알리는 방식이 사용될 수 있다. 음성시작 알림 버튼(PTT: Push To Talk Button)의 사용은 음성을 발화하고자 할 경우 버튼을 누른 후 발화하도록 한다. 음성인식 시작 알림 버튼은 음성의 시작을 알리는 기능 외에 원래 상태로의 복귀 기능(undo function)을 수행 할 수도 있다.

두 번째로는 음성인식이 잘 됐는지를 확인 시키기 위해 음성합성 기술로 인식된 단어를 발화해주는 기능이다. 오인식 되었을 때 이를 즉각 사용자가 인지해서 음성인식 재시도를 수행하거나 기능복귀 기능을 통해 시스템 사용을 편리하게 유도할 수 있다.

세 번째로는 거절 기능(OOV: Out of Vocabulary Rejection)인데, 사용자가 음성목록에 없는 단어를 발화 했을 경우, 유사한 단어를 발화했을 경우, 기타 잡음요소로 인해 잘못된 음성인식 과정이 수행했을 때 이를 적절히 거절하는 기능이다.

마지막으로는 음성합성 기술을 통해 서비스 시나리오에 대한 안내, 기타 정보를 방송하는 기술 등에 사용될 수 있다. 이 밖에도 음성시작 알림 버튼을 누르고 일정시간 동안 아무런 말을 하지 않을 경우 자동으로 음성인식을 중지하는 기능 등도 시스템을 효율적으로 사용하기 위한 방식이라고 할 수 있다. 이와 같이 음성기반 사용자 인터페이스가 인간과 컴퓨터 간의 의사전달 수단으로 활용이 되기 위해서는 고려해야 될 많은 사항들이 있나. 이러한 기술들의 추가로 인해 음성인식 기술이나 음성합성 기술의 성능이 알고리즘 상의 문제 등으로 인해 사용자의 기대치에 못 미치는 수준이라고 해도 사용성 문제의 고려를 통해 실감 인식률을 보완해 나갈 수 있을 것이라 판단된다.

3.3.6 구조적/알고리즘적 최적화 방법

AutoPC, DSP와 같은 임베디드 시스템은 일반 PC 환경보다 메모리의 크기나 CPU 성능이 떨어지기 때문에 이러한 하드웨어 조건에서 최적의 성능을 내기 위해선 최적화 과정이 수행되어야 한다. 이러한 작업을 하기 위한 최적화 방법은 구조적 최적화(architectural optimization) 방법과 알고리즘적 최적화(algorithmic optimization) 방법이 있다[43], [44]. 구조적 최적화 방법은 특정 CPU나 자원을 가진 시스템의 전원 소비량 등을 줄이는 방법을 제시한다. 반면, 알고리즘적 최적화 방식은 가장 일반적인 방법으로 원본 코드상의 고속화 알고리즘을 적용하는 방법이라고 할 수 있다. 구조적 최적화 방식은 하드웨어 연산기 구조에 맞게 연산을 수행하도록 만드는 것이다. 하드웨어가 정수연산방식으로 되어있고, 정수형 연산방식이 소수점 연산처리를 하지 않기 때문에 빠르다는 점을 이용한 것이다. 알고리즘은 정수형 포멧을 이용하여 계산된다. 소수점 부분을 보상하기 위해 좌측으로 비트를 이동해서 계산하는 방식을 사용한다. 따라서 정수형 포멧 Qn은 정수표현 범위 내에서 오버플로우나 언더플로우가 발생하지 않도록 p나 q비트를 좌우로 이동하는 것을 기본으로 한다. 또한 정수형 포멧은 참조 테이블(look-up table)을 사용하여 계산 속도를 향상시킨다. 사전에 데이터 값의 범위를 계산하여 양자화한 뒤, 이를 사용하는 것이다.

음성인식 알고리즘의 경우, 퓨리에 변환을 자주 사용하는데, 알고리즘의 복잡성으로 인해 많은 시간을 퓨리에 변환에 소비한다. 음성은 실수형 신호이기 때문에, N 포인트의 복소수형 퓨리에 변환식은 $N/2$ 포인트의 실수형 퓨리에 변환으로 바꿀 수 있으며 속도 향상을 위해 참조 테이블을 이용한 정수형 알고리즘형태로 변환하여 최적의 속도를 낼 수 있도록 한다. 그렇지만, 퓨리에 변환 알고리즘은 곱하기와 더하기를 수행하는 동안 오버플로우가 발생하지도 모르는 코드들을 가지고 있다. 따라서 정밀도를 유지하면서 오버플로우가 발생하지 않도록 적절한 Qn 포인트의 설정과 검사 루틴을 개발하여 확인된다.

구조적 최적화 방식

Xscale CPU와 같은 정수형 연산 방법만을 지원하는 하드웨어의 경우 부동 소수점 연산을 하드웨어상으로 지원하지 않기 때문에 속도가 매우 느리다. 따라서 90% 이상의 시간이 부동 소수점 연산을 위한 에뮬레이터가 동작하는 데 소요된다. 따라서 부동 소수점 산술 계산 방식을 정수형 산술 계산 방식으로 바꿔주어야 한다. 정수형 산술연산은 연산 정밀도를 표현하기 위한 척도 요소(scale factor)인 Qn에 의해 변화된 정수형 값을 이용한다. 여기서 n은 정수형 하드웨어 연산기를 이용하여 기본 산술연산을 수행하기 위해 10진수로 왼쪽으로 얼마만큼의 비트를 이동시켰는지를 나타내는 숫자이다.

기본적인 규칙은 다음과 같다. 두 수에 대한 Qn 포맷의 덧셈이나 뺄셈은 계산 후에도 변하지 않는다. 그리고 같은 포맷끼리의 연산만이 가능하다. 반면, 곱셈의 경우 Qn 포맷 간의 곱셈은 $Q2n$의 결과를 가져온다 따라서 계산 후에 포맷의 변환을 수행해야 한다. 나눗셈의 경우에는 Qn 포맷과 Qn 포맷 간의 빼진 결과를 가져온다. 따라서 $Q0$가 된다. 이러한 기본적인 규칙을 통해 각각의 산술 연산 등은 값의 범위(dynamic range)를 파악해서, 어느 정도의 Qn 포맷을 사용해야 할시를 결정해서 최적화를 해야 한다. 그리고 일반적으로 DSP 하드웨어의 경우 하드웨어적으로 곱셈 연산을 지원하기 때문에, 덧셈, 뺄셈, 곱셈은 한번의 싸이클에 연산이 되기 때문에 빠른 반면,

나눗셈의 경우는 20 싸이클 정도가 소요된다. 따라서 나눗셈 연산을 가급적 피하고, 역수 변환을 통해 곱하기 연산을 사용하는 것이 좋다.

알고리즘적 최적화 방식

정수형 프로세서에서 일반적인 포맷은 16비트나 32비트 정수 연산기가 사용된다. 부동 소수점 방식에 비해 데이터 표현을 위한 값의 범위 (dynamic range)가 작기 때문에 일정한 값의 범위로 표현하기 위한 정규화 과정이 필요하다. 즉 부동 소수점 연산된 알고리즘은 정수화 버전으로 만든 후, 값의 표현 범위가 특정 범위 내의 결과를 나타내도록 변환해서, 값이 오버플로우(overflow)나 언더플로우(underflow)가 발생하지 않도록 한다. 우선은 알고리즘의 정규화 방식을 통해 값의 표현 범위를 줄이는 작업을 수행한다. 그리고 특정 N 비트(Qn-format) 이동 후에 값에 대한 연산을 한 후 다시 이를 보상하는 등의 가변적인 연산방식을 통해 정수 연산기 전체에서 값의 표현 범위를 활용할 필요가 있다. 또한 연산의 중간중간 단계에서 지속적으로 몇 비트를 이동해서 계산했는지를 기억시킨다. 곱셈이나 나눗셈의 경우 계산 후에 이러한 이동 비트 단위가 변하기 때문이다.

알고리즘적 최적화 방식으로 룩업 테이블(Look-Up Table)을 고려할 수 있다. 특정한 값의 범위로 양장화된 변환 테이블을 사용해서 고속의 연산 및 최적화를 수행할 수 있다. 일반적으로 실험을 통해 데이터를 양자화 (quantization)하는 기법이 요구된다. 특히 음성인식 알고리즘에서는 로그 덧셈이나 필터 계수 등의 고정적인 부분이 있기 때문에, 룩업 테이블을 활용하는 것은 고속연산을 위해 필수적인 요소이다. 그 밖에 연산을 많이 차지하는 FFT 함수 같은 경우 복소수형 FFT를 실수형 FFT로 변환하고 이를 다시 정수형 알고리즘 도입으로 속도향상을 시도할 수 있다.

구조적 및 알고리즘적 최적화 실험평가

구조적 알고리즘적 최적화를 통해 구현된 음성인식 알고리즘의 실행 속도 및 코드 최적화는 표 3-12와 3-13과 같이 최적화 되었다. 실수형 연산을 수행하는 음성인식 알고리즘은 기존 PC환경에서 매우 빠르게 동작한다. 그렇지만 임베디드형 시스템인 PDA나 AutoPC 환경에서는 100 프레임의 구간을 인식하는 데 평균 20초 이상이 걸린다. 따라서, 정밀도를 유지하면서 임베디드 환경에서 동작하도록 구조적 최적화를 수행한 후에 유사한 속도와 성능을 얻을 수 있었다.

음성합성의 경우에 있어서도 실행 속도 및 코드 크기 최적화는 표 3-14과 같이 수행되었다. 그렇지만 특정한 트라이폰 음성을 검색하여 가져오는 데 걸리는 엑세스 타임이 늦어 여전히 문제점을 갖고 있다. 이것은 사용한 플래쉬 메모리의 하드웨어적인 문제점이라 여기서는 그대로 사용한다. 표 3-14을 보면 언어 처리 부분은 자연언어 처리기, 운율 생성부, 그래핌 (grapheme)을 음소단위로 변환하는 부분을 포함한다. 음성합성부 I은 음성합성 데이터베이스에서 최적의 트라이폰을 검색하는 부분을 포함한다. 음성합성부 II은 음성합성 데이터베이스와 합성음 출력을 위한 생성부를 포함한다.

표 3-12. 평균 음성인식 속도: 평균 100 프레임 사용시

Environment	Average Speed (Milliseconds)		Arithmetic
PC : Pentium 4, CPU 2GHz, 512M RAM	MFCC	32	Floating-point
	Decoder	93	
Compac PDA : Intel StrongARM 206MHz, 64MB SDRAM, 32MB Flash ROM	MFCC	414	Fixed-point
	Decoder	862	
	MFCC	359	Fixed-point, optimized version
	Decoder	696	

표 3-13. 음성인식 메모리 최적화

Components	Floating-point	Fixed-point	Fixed-point, optimized version
Front-End (Feature extraction)	17	8.5	8.3
Noise suppression & Feature compensation	6	2.8	2.6
HMM model	1400	1035	774
Total (Size : Kbyte)	1423	1046.3	784.9

표 3-14. 음성합성 속도 최적화 (11Khz, 40M DB)

Input Text (Bytes)	Output Sound (Bytes)	Tri-phone number	Response time (milliseconds)			
			Language Processing	Speech Synthesize I	Speech Synthesize II	Total
51	135916	48	142	260	1177	1579
95	255196	92	332	489	2348	3169
111	270756	98	232	558	2225	3015
152	449662	150	391	727	3980	5098
222	531512	196	454	1096	4023	5573

4. 시각 인지 기능을 위한 센서 융합 기법

이번 장은 단일의 영상센서를 이용한 시각 인지 기능에 대해 기술한다. 개발된 시각 인지 기술을 통해 음향 센서로부터 탐지할 수 없는 정보를 획득해서 상호 보완적 요소로 활용한다. 또한 보다 신뢰적인 관측을 위해 데이터 융합 기반의 다중 물체의 검지 및 추적 알고리즘을 개발하여 다양한 환경 조건하에서 적용한다. 주어진 환경 조건하에서는 다양한 문제가 발생할 수 있는데, 시각 인지 기술에서 발생할 수 있는 문제인 물체 간의 중첩(폐색, occlusion)되는 현상이나 은폐물 뒤에 숨는 등 다중 물체 추적 시의 오류를 보완하기 위한 기술도 소개한다.

4.1 시각 검지 및 추적 기법 개요

4.1.1 단일 센서 사용 시 데이터 분석 기법

영상센서로부터 획득된 영상 시퀀스(image sequences)의 장면이해 (scene understanding)는 현실세계의 각 요소들이나 그 자체를 분석하기 위해 복잡한 프로세스를 요구한다. 대부분 불충분한 정보, 예측하기 힘든 물체의 움직임, 눈이나 비, 바람과 같은 환경적인 잡음 요소로 인해, 오염된 영상으로부터 컴퓨터가 지능적으로 장면자체를 분석하고 이해를 한다는 것은 쉽지 않은 문제이기 때문이다. 현실세계에서의 특정 장면은 많은 오브젝트가 존재한다. 이러한 오브젝트들은 제각기 다른 위치에 존재하며, 서로 다른 조명의 영향을 받고 있고 인지할 수 있는 각도나 구성(viewpoint)도 다르다.

이러한 상황하에서 자동화된 시각 추적(visual tracking) 기법은 신뢰적인 다중표적을 추적(multi-target tracking)하기 위한 많은 도전적 문제들을 포함한다[45], [46], [47], [48].

계산적인 관점에서 초창기의 컴퓨터 비젼(computer vision) 모델을 활용하는 시각 정보 처리 분야는 데이터 기반 프로세스(data-driven process)를 사용했다. 본질적인 고유 이미지들의 집합은 시각적인 장면 영상으로부터 그 장면 자체의 3차원 재구성을 지원하기 위해 유도되었다. 이러한 프로세스는 전역적인 특징정보 분석을 통해 수행된다. 그렇지만 이미지나 장면 자체를 향상시키기 위한 작업을 하는 데 있어서 복잡한 구성이나 심각한 잡음 요소에 의해 변질된 영상의 처리에는 적합하지가 않다.

이러한 문제점을 해결하기 위해 인공 시각 시스템(HVS: human visual system)에 관한 연구가 시작되었다. 인공 시각 시스템은 칼라의 분포에 따라 다른 칼라 인지감각 기능을 가지고 있다. 또한 특정 장면에서의 특정위치에 놓인 관심 있는 오브젝트에 대한 집중 능력(attentional capability)을 보인다[53] [54]. 인공시각 시스템에서의 인지적인 묘사는 여러 단계의 공간적 스케일상에서 시각 처리 분야의 구조화된 표현을 수행한다고 가정한다. 또한 선택적 프로세스는 인지된 묘사 정보와 내부적인 오브젝트 정보 간의 정합(matching, or correlation)을 근간으로 단기간 보관 시각 메모리(visual short-term memory)를 엑세스한다. 이러한 가정은 최근에 획득된 영상 정보나 예측 가능한 영상 정보를 이용하여 복잡한 장면을 다루고 묘사하기 위한 요소나 가능성을 제공한다. 예를 들어, 인간의 활동을 감시하거나 분석하는 시스템은 복잡한 추적 알고리즘을 요구한다. 왜냐하면 다중의 움직임을 가지고 있는 물체는 서로간의 폐색되기도 하고, 랜덤하게 움직임을 보이며 움직이다가도 일정시간 멈추어 있기도 하고, 장애물 뒤에 숨을 수도 있기 때문이다. 특히, 관측범위 내의 동물이나 인간의 행동은 그들의 움직임 분석에 있어 일관된 공통점이나 규칙을 가지고 있지 않다. 또한 다중

4. 시각 인지 기능을 위한 센서 융합 기법 99

의 사람들이 일반 현실세계에서 서로간의 대화를 하거나 움직이면서 부분적 폐색 현상, 잠깐 동안의 멈춘 상태와 같은 다양한 이벤트를 만들어 낼 수 있다는 것이다.

따라서, 이러한 문제점을 해결하기 위해 인공시각 시스템에 기반을 둔 시공간 집중 메카니즘(spatio-temporal attentive mechanism)이 적용될 수 있다. 또한 시공간 집중 메카니즘 을 이용한 특징 정보 융합 기법으로 속성 데이터 융합 기법이 적용 가능하다. 집중 메카니즘 (attention mechanism)은 집중 준비 모드(pre-attentive mode)와 집중적 모드(attentive mode)로 구성된다. 집중 준비 모드에서는 전역 및 지역 처리(Global and Local Analysis) 방법에 따른 움직임 검출(motion detection) 기능이 수행된다. 이를 위해 적응적 배경영상 추출 알고리즘과 추출된 배경 영상 모델로부터 획득된 영상 간의 차를 이용한 움직임 검출 기법이 사용 될 수 있다. 집중적 모드에서는 집중 윈도우상의 지역 특징 분석(LFA: local feature analysis)을 통한 기법이 수행된다. 집중 윈도우는 폐색된 오브젝트, 장애물, 부분적 정보를 지닌 오브젝트와 같은 복잡한 장면의 특정 부분을 포함한다. 따라서, 구체화된 분석 기법이 지역 집중 윈도우상에서 수행된다.

4.1.2 다중 오브젝트 검지 및 추적 시 고려 사항

영상 센서로부터 획득된 데이터로부터 분석작업을 통해 실 세계에서 필요로 하는 정보를 추출해 낼 수 있다. 따라서 추출된 정보를 통해 관측범위 내에 움직임을 가지는 오브젝트를 검지 및 추적할 수 있다. 다중의 오브젝트를 검지 및 추적하기 위한 여러 시스템들은 다양한 방식의 검지 및 추적 기법을 도입하고 있다. 즉, 영상카메라가 획득 가능한 전경의 범위 및 거리, 환경적 요건 등에 따라 신뢰적인 데이터 추출을 위해 다양한 알고리즘이 적용될 수 있다. 따라서 검지 및 추적 시에 가장 먼저 고려가 될 사항은 시스템이 적용될 장소의 환경적 요건을 파악하는 것이 중요하다. 환경적 요건이 파악이 됐다면, 이에 가장 적절한 알고리즘의 선택이 중요하다. 일반적으로 적용되는 알고리즘을 소개하면 다음과 같다. 획득된 영상 데이터로부터 움직임 검지를 위해서는 일반적으로 움직임만을 가지는 전경 이미지(foreground image)를 추출하기 위해 배경 영상을 추정하고, 추정된 영상과의 차를 이용한 방법을 사용한다. 시간 차 영상은 움직임을 가진 영상의 칼라 값 (intensity)에 대한 변화가 발생 한 부분을 나타내주기 때문에, 이러한 값의 변화가 많은 부분을 찾아 그룹(blob)을 만든다. 그룹 된 영상은 대부분 움직임을 보여준 물체이기 때문에, 검지 및 추적은 일반적으로 이러한 그룹, 즉 블러브 단위로 판별된다. 다중 오브젝트의 검지 및 추적의 효율성을 높이기 위해 오브젝트 모델(object model), 움직임 모델(motion model), 폐색 모델(occlusion model)들을 적용하기도 한다. 움직임 추적 시스템은 대개 지역 기반 추적 기법, 특징 기반 추적 기법, 이러한 기법의 혼합된 방법들이 적용될 수 있다. 이에 대한 관련 연구는 다음과 같다.

Hydra [45]는 실루엣 기반의 윤곽 모델, 움직임 모델, 상호상관 정보 기반의 정합 방법을 조합해서, 전경 부분이 여러 명의 사람들을 포함하는지를 분류하고, 지역정보에서 사람에 해당하는 부분만을 분리(segmentation) 해내고 이를 추적한다. Stephen J. McKenna, et al [46]은 거리 정보를 나타내는 깊이 정보와, 오브젝트 간의 폐색 동안 위치정부를 계산하기 위한 칼라 정보를 적용한다. 이러한 시스템은 대부분 칼라 기반 추적 기법을 사용하고 있고 전경 부분 분리의 정확성을 높이기 위해 칼라정보(color distribution model), 기울기(gradient) 정보, 그림자 제거(shadow removal) 기법을 적용한 뒤, 적응직 배경 차를 이용한 기법을 사용한다. Wenmiao Lu, et al [47]는 폐색 후에 각각의 추적된 사람들의 신원 확인 문제를 해결하기 위해 칼라 히스토그램 기반의 인식 기법을 적용한다. 다중의 사람 추적을 위해 연속적인 시간상에 적응적 평균 이동 알고리즘(adaptive mean shift algorithm)을 사용한다. Romer Rosales, et al [48]는 저차원 단계에서의 영상처리 기법과 중간 단계에서의 회귀 순환형 3차원 추적 궤적 추정 기법 (recursive 3D trajectory estimation)을 사용하며, 마지막 단계인 고차원 단계에서 활동인식(action recognition) 기법을 적용한다. 이 기법에서는 다중의 움직임을 가진 오브젝트를 다루기 위해 저차원 단계의 기술을 확장한다. 또한 명시적으로 폐색에 관한 모델을 세우고 3차원 움직임 궤적을 추정한다.

그렇지만, 이러한 연구들은 특정한 사람이 다른 사람과 함께 그룹을 만들거나 특정 그룹에서 한 사람이 빠져 나오는 경우 추적 실패를 하는 경우가 발생한다. 일반적으로 단독의 사람이 움직이다가 폐색되는 경우에 한해 폐색 추론을 수행한다. 이러한 작업은 많은 계산 시간이 필요하고 알고리즘 복잡성도 크다. 따라서 본 장에서는 다음과 같은 알고리즘 적용을 통해 이를 해결하고자 한다. 먼저 폐색활성 검지 기법을 통해 움직임을 가지는 오브젝트간에 폐색 활성을 검지하고, 폐색이 검지가 되면 폐색 추론을 통해 폐색된 지역에 한해서만 집중 분석 방법을 적용한다. 그리고 다중의 목표물 추적을 위해서, 특징기반 추적기법을 사용하며 JPDA(joint probabilistic data association) 필터를 사용해서 다중의 오브젝트를 동시적으로 각각 추적한다. 폐색 상태가 아닐 경우는 기본 JPDA 필터가 수행되며, 폐색이 발생했을 경우 부분 확률 모델을 이용한 오브젝트 연관 기법을 적용한다. 폐색 활성 검지 기법은 Kalman 예측 식을 이용한 예측 단계에서 검지된 영역을 과거의 정보로부터 근사치를 구하는 방법(approximation)을 통해 수행된다. 만약 정확한 상태 정보가 획득된다면 JPDA 필터 적용만으로도 폐색된 다중 목표물 추적이 가능하다.

4.1.3 영상처리를 위한 저 수준 단계 데이터 융합 기법

외부 실 세계에서 목표물의 검지, 추적, 인식 성능을 떨어트리는 이유 중의 하나는 조명, 그림자, 야간, 눈, 비, 기타 잡음과 같은 환경적 잡음 요소에 기인한다[3]. 이러한 잡음 요소들은 획득된 오브젝트에서 우수한 특징벡터를 추출을 어렵게 만드는 원인이 된다. 따라서, 잡음제거와 영상 향상 기술은 인식 및 추적 성능을 높이기 위한 전처리 분야로 오브젝트 추출을 위한 해당 영역의 검지, 안정적 특징벡터를 추출하기 위한 기술로 활용된다.

단일 영상센서만을 사용하는 경우에, 잡음제거를 위해 단순히 가우시안 필터, 미디언 필터, 적응 필터(adaptive filter)와 같은 스무딩 필터들을 적용한다. 또한 영상 향상을 위해서는 칼라 변환(color transform) 방식을 이용하여 변환된 칼라모델로부터 분석, 처리된다. 예를 들어, 조명 효과를 제거하기 위해 CbCR 또는 HCR 칼라 공간 모델로 변환시키는 방법을 통해 조명으로부터 영향 받은 부분을 제거한다. 사실, 단일센서만을 사용할 경우, 다양한 환경 여건에서 신뢰적인 정보를 추출하는 것은 한계를 가질 수 밖에 없다. 따라서 단일 센서에서 획득된 데이터를 가공하기 위해 처리되는 융합 방식으로 속성데이터 융합기법을 가장 많이 사용한다. 속성데이터 융합 방식은 다중의 특징벡터 추출을 통해 최종 결정을 위한 신뢰적 정보 제공을 목적으로 한다.

단일 센서의 한계점으로 인해, 동종의 다중 영상 센서를 이용한 영상 분석 및 처리 방식이 연구되고 있다. 예를 들어, 그림 4-1에서와 같이 두개의 영상센서를 이용한 자동차 분류기법 예를 들 수 있다. 자동차의 종류를 총 6개로 분류를 하기 위해 6개의 모델을 구축하고 각기 다른 장면(view)으로부터 획득된 영상으로부터 3차원 영상 모델 구축을 통한 분류 작업도 가능하다.

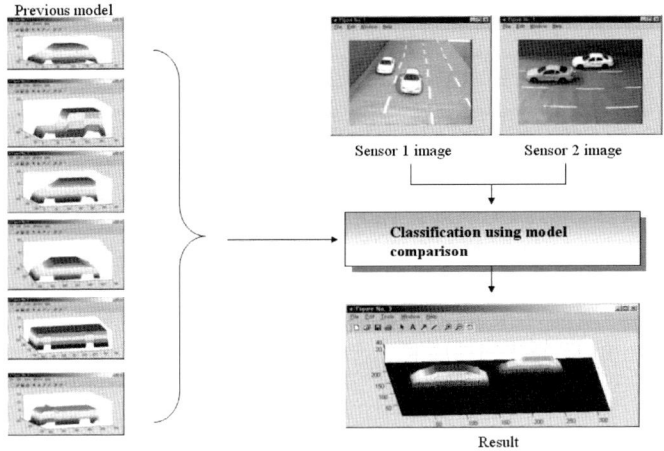

그림 4-1. 동종 영상센서를 이용한 영상융합 예: 자동차 분류기법

표 4-1. 적용 가능한 영상 융합 알고리즘 예

분류		알고리즘
Physical model		simulation, estimation(MAP, MMSE, MMAVE, MLE, LS, EM)
Feature-based Inference	Parametric	- Statistical-based Algorithm - Bayesian Inference - Dempster-Shafer's Inference
	Non-parametric	- Adaptive Neural Nets - Voting Methods - Entropic Techniques - Pattern Recognition - Measure of Correlation
Cognitive-based Inference	Logical Templates	
	Fuzzy Set Theory	
	Knowledge-based System	- Knowledge Representtion (Script, Rules, Frames, Sematic Nets) - Uncertainity Representation (Dempster-Shafer, Probability, Confidence Factor, Fuzzy stc.)

영상 융합기법을 위해 적용 가능한 알고리즘은 적용 단계나 사용된 센서에 따라 달라질 수 있다. 예로 표 4-1과 같은 알고리즘들이 활용될 수 있다. 그밖에도 동종의 다중 영상 센서 기법은 감시 영역(FOV: field of view) 부분을 확대하고, 상호 보완적 정보로부터 특징벡터를 추출하기 위해 적용되기도 한다. 그림 4-2과 같이 다중의 영상 센서를 이용한 이미지 모자익(Image Mosaic) 기술은 대표적인 감시영역 확대 기술을 위해 적용되는 연구 영역이라고 할 수 있다. 이 기술은 영상 융합 기법의 측면에서 그림 4-3에서와 같이 중복된 정보를 통해 신뢰적인 정보 추출을 가능하게 만들고, 상호 보완적 정보로부터, 센서의 한계를 보완하기 위한 것이다.

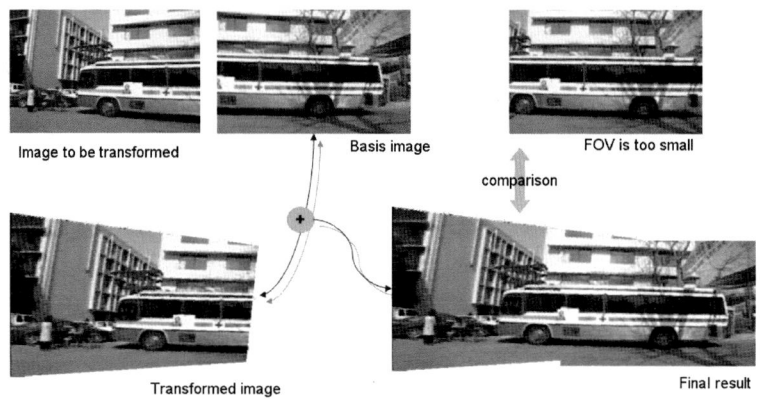

그림 4-2. 이미지 모자익 기능을 통한 감시범위 확장.

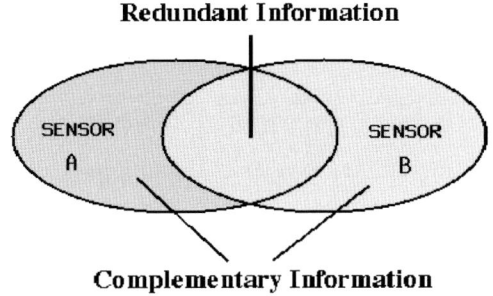

그림 4-3. 다중의 센서를 이용한 영상 융합 목적

그러나 동종의 센서를 이용할 경우 야간 영상에서의 처리와 같은 영상 센서로부터 정보 획득이 곤란한 상황에서는 고 비용적인 측면에 비해 처리 능력적인 측면에서는 상당한 감수를 필요로 한다. 따라서, 그림 4-4에서와 같이 적외선 센서와 영상 센서 간의 이종 센서 융합 기법을 통한 분석 방식이 특수한 경우에서는 더 효율적일 수 있다. 즉, 상황이나 어떠한 정보를 추출하는 것이 목적이냐에 따라 사용하는 센서의 종류나 구성은 달라질 수 있다. 또한 잡음제거와 같은 전처리 기술, 인식, 추적 기술에서 어떠한 특징벡터를 선택해서 성능을 향상시킬 수 있느냐의 문제(feature selection problem)를 위해서도 센서의 선택은 중요하다.

  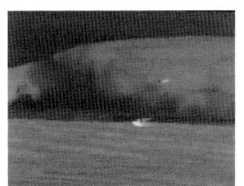

(a) Visual Image   (b) Thermal Infrared Image   (c) Fused Image

그림 4-4. 영상센서 이미지와 열상 적외선 센서 영상을 통한 융합

4.2 움직임을 갖는 오브젝트 검지 기법

본 절은 움직임을 갖는 오브젝트 검기 시, 발생할 수 있는 여러 가지 문제 중에서 다중의 움직임을 가진 오브젝트들 간의 폐색(occlusion) 현상에 대한 문제를 해결하고자 한다. 이를 해결하기 위한 방법으로는 다음과 같다. 첫 번째로, 움직이는 오브젝트의 폐색 활성 정보에 관한 예측은 시간적 변이 모델과 운동 모델을 이용하여 계산 및 활용된다. 두 번째로, 폐색된 오브젝트들을 식별하는 결정 규칙은 높은 신뢰성을 바탕으로 결정되어야 한다. 따라서 폐색된 오브젝트들의 특정 오브젝트를 식별하고 연관시키기 위해 집중적 윈도우에서 폐색된 오브젝트의 중첩된 영역을 검사하기 위한 부분적 정보 모델을 활용하는 방법을 적용한다. 세 번째로, 데이터 연관 기법을 이용한 다중 목표물 추적 기법은 복잡한 장면에서 적용된다. 환경적 잡음요소와 기타 잡음으로 인해 관측된 정보가 잘못된 정보(false alarms)인지 실제 목표물인지를 식별하는 일은 쉽지 않다. 따라서 시각 추적 시스템은 폐색 활성 검지 알고리즘과 연속적 제거 알고리즘(SEA: successive elimination algorithm)을[52] 이용한 오브젝트 연관 기법을 소개한다. 연속적 제거 알고리즘을 이용한 오브젝트 연관 기법은 시공간 윈도우에서의 부분 확률 모델을 이용한 방법을 사용한다. 또한, 신뢰적인 다중 목표물 추적을 위해 실세계에서 획득된 정보를 이용한 추적방식을 소개한다. 이를 위한 특징벡터로 오브젝트의 숭심점, 속도, 가속도, 움직임 방향 정보들이 속성데이터 융합 기법을 통해 제공된다.

4.2.1 움직임을 갖는 오브섹트의 행동 패턴

영상 시퀀스에서 다중의 목표물 추적을 위한 중요 사항 중에 하나는 오브젝트들 간의 폐색(Occlusion) 문제이다. 폐색되어 있는 동안 예측할 수 없는 상황이나 이벤트가 발생을 할 수 있기 때문이다. 이러한 원인으로 인해 추적 실패나 엉뚱한 목표물을 추적(miss-association)하게 되기도 한다. 이러한 문제점을 해결하기 위해선 다중의 목표물들이 움직이는 행동양식을 분석할 필요가 있다[6]. 그림 4-5는 감시 영역 내의 목표물들에 대한 행동 분석에 따른 상태 천이 다이어그램(state transition diagram)을 나타낸다. 특정 목표물들은 감시 영역 내에 들어올 수 있는데, 그 영역 내에서 움직이거나, 멈추거나 또는 다른 목표물과 대화를 하면서 움직이거나 멈추어 서 있기도 한다. 그리고 이러한 행동들 후에 감시 영역 내를 벗어난다. 이러한 행동들은 그림 4-5와 같이 행위 흐름도에 따라 다중 오브젝트의 상태를 4단계로 분류하여 만들 수 있고 각 상태 간의 천이에 따른 행동을 정의할 수 있다. (1)은 특정한 목표물이 감시 영역 내로 들어오는 것을 말한다. (2)는 다중의 목표물들이 감시 영역 내로 들어오는 것을 말한다. (3)은 특정한 목표물이 움직임을 통해 다음 목표물과 그룹을 만드는 행위를 하는 것을 말한다. (4)는 특정한 목표물이 그룹으로 구성되어 있다가 단독으로 움직이기 시작하는 것을 말한다. (5)는 특정 목표물이 계속해서 단독으로 움직이고 있는 것을 말한다. (6)은 다중의 목표물들이 그룹을 구성하면서 움직이거나 멈추어 서 있는 것을 말한다. (7)과 (8)은 특정한 목표물이나 그룹이 감시 영역 내를 빠져나가는 것을 말한다.

  이벤트 (1), (4), (5), (7)은 일반적인 기본 추적 필터를 이용하여 추적될 수 있는 부분이다. 그러나 (2), (3), (6), (8)과 같은 이벤트는 집중적인 영역의 분석 없이는 추적을 하기 힘든 상황을 제공한다. 대부분 목표물 간의 중첩이 되어 있어 영상분석을 위한 충분한 정보를 제공하지 못하기 때문이다. 따라서, 우선은 영상 분석을 통해 (2), (3), (6), (8)의 상태이다라는 것을 검지할 수 있어야 한다.

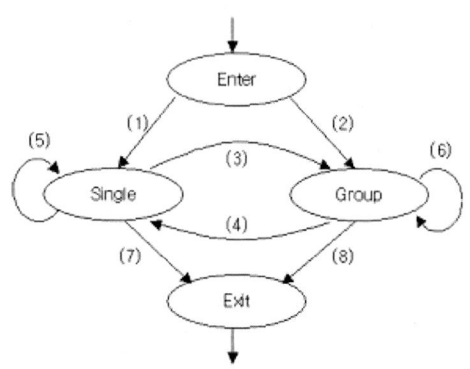

**그림 4-5. 상태 전이 다이어그램; 관측범위 내의
오브젝트들의 일반적인 행동 흐름도**

따라서, 이러한 분석능력을 위해 폐색 활성 검지(OAD: occlusion activity detection) 기법이 고려 될 수 있다. 이 기법은 현재의 상태에서 폐색이 발생했는지 안 했는지를 알려주는 방법을 제공한다. 이 기법을 이용해서 획득된 정보로부터 만약 폐색 상태가 발생을 했다면, 집중적 분석을 위해 부분 확률모델(partial probability model)을 기반으로 한 오브젝트 연관 기법을 적용할 수 있다. 이 기법은 폐색된 그룹에서 추적하고자 하는 오브젝트의 일정 부분만을 가지고 탐지하는 기법으로서 오브젝트 위치를 추정 가능하게 만들며 폐색된 영역의 특정 블러브(blob) 부분을 실제 목표물과 연관시키는 작업을 수행한다. 이러한 기법을 통해 목표물의 위치를 추정하고 추적을 위한 특징벡터 계산을 통해 추적필터에 적용 할 수 있다. 오브젝트의 중앙점, 속도, 가속도, 방향 정보가 특징벡터로 사용될 수 있으며, 특징기반 추적을 위해 Kalman 필터, interaction multiple model (IMM) 필터, joint probabilistic data association (JPDA) 필터 등이 사용될 수 있다.

4.2.2 움직임을 갖는 블러브 검지

움직임을 갖는 블러브 검지 기법은 적응적 갱신 된 배경 영상과 현재 획득된 영상과의 차를 이용한 영상을 스레쉬홀드 기법을 적용하여 바이너리화해서 획득된 영상을 이용하는 기법을 사용한다. 배경 영상 모델을 구하기 위해 적응적 변화 검지 기법[49]을 사용한다. 적응적 변화 검지(Adaptive Change Detection) 기법은 시각적 차이 영상과 영상의 축적된 평균 배경 영상의 조합을 이용한 방식을 사용한다. 축적된 평균 배경영상을 얻기 위한 함수는 식 (4-1)과 같이 과거의 프레임 수에 따른 축척 된 영상의 적응화를 표현하기 위한 함수 $\phi(\widehat{x}_i, x_i, \tau)$로 표현될 수 있다.

$$\widehat{x}_{i+1} = \phi(\widehat{x}_i, x_i, \tau) = x_i \left(1 - e^{-1/\tau}\right) + \widehat{x}_i e^{-1/\tau} \quad (4-1)$$

여기서 변수 x_i는 이미지 시퀀스를 말하고 변수 τ 는 축적된 영상의 수를 나타낸다. 이러한 축적된 영상을 이용하여 평균 배경영상 μ_i 는 계산된다. 그리고 지역 B_i 에서의 배경 변화 부분을 검지한다. 즉 평균 μ_i 배경영상 모델과 현재 획득된 영상 간의 절대치를 식 (4-2)와 같이 분산 σ_i 보다 큰 값으로 스레쉬홀딩 함으로써 획득한다.

$$B_i = \left\{(r,c) \in I / \left|\mu_i(r,c) - f_i(r,c)\right| > \sigma_i(r,c)\right\} \quad (4-2)$$

배경 적응화 단계는 조명변화에 따른 영상 값의 극심한 변화량에 대처하기 위해 순환적으로 수행된다. 배경 적응화 단계를 통해 조명 변화에 따른 움직임을 갖는 블러브 검지 성능을 향상시키며 조명의 극심한 변화량에 의해 블러브로서 간주되는 오탐지를 줄여준다. 적응적 배경영상과 현재 이미지 간의 차를 통한 움직임 부분, 즉 변화량을 나타내는 영상을 획득하고 스레쉬홀딩 기법이 적용된다. 스레쉬홀드 된 영상은 공간적으로 많은 부분을 차지하는 영역만을 선택하기 위해 모폴로지(Morphology) 기법이 적용된다. 모폴로지 기법은 연결된 부분의 분석을 위해 수행되며 작은 홀이 생긴 부분을 같은 영역으로 채워 하나의 블러브화를 만든다. 또한 모폴로지 기법은 조명 변화로 생긴 변화량 부분을 제거하기 위한 목적으로도 사용된다. 이와 같은 작업을 통해 움직임을 가지는 전경영상만을 추출한다.

전경영상이 추출되면 각각의 전경영상, 즉 움직임을 갖는 블러브들은 번호에 의해 레이블링된다. 이때 각 블러브들의 블러브 맵이 계산된다. 블러브 맵은 다음 식 (4-3)과 같이 표현될 수 있다.

$$b_i(t) = \bigcup_x \left| d_x(t) > \Gamma \right| \qquad (4-3)$$

여기서 변수 $d_x(t)$는 분할된 전경영상 지역을 나타내고 변수 Γ 는 잡음의 영향으로 생긴 작은 영역 부분을 제거하기 위한 임계치 값이다. 블러브 맵, $b_i(t)$는 다음 식 (4-4)와 같이 블러브의 칼라 분포를 계산하기 위해 블러브의 칼라 모델을 만든다.

$$MV_{i,j}(x,y) = \begin{cases} I(x,y) & \text{if } b_i(x,y) == 1 \\ 0 & else \end{cases} \qquad (4-4)$$

여기서 변수 $MV_{i,j}(x,y)$는 칼라모델을 가지는 블러브를 나타내고 변수 I는 움직임을 갖는 블러브의 인덱스를 나타낸다. 변수 j는 프레임 인덱스이다. 식 (4-4)로부터 획득된 칼라 모델의 블러브는 오브젝트 간의 폐색이 발생했을 경우 폐색된 지역에 있는 오브젝트를 블러브 맵에 있는 오브젝트와의 연관을 위해 사용되는 확률모델로 활용된다. 따라서 칼라 모델의 블러브는 폐색이 일어날 때를 대비하여 일정기간 메모리에 저장 유지되며 큐(queue)를 이용하여 처리한다. 반면, 폐색이 일어나면 큐에 저장을 하지 않는다. 그림 4-6은 이러한 작업 과정에 대한 결과 영상을 나타낸다.

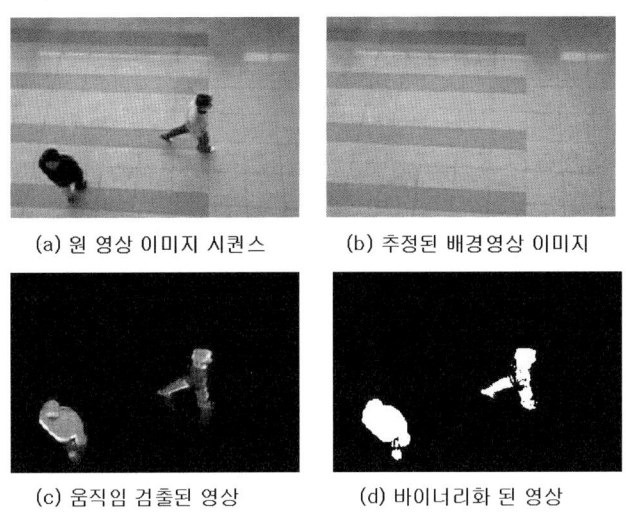

(a) 원 영상 이미지 시퀀스   (b) 추정된 배경영상 이미지

(c) 움직임 검출된 영상   (d) 바이너리화 된 영상

그림 4-6. Optical flow method에 의해 추출된 움직임 벡터

다음으로는 레이블링된 오브젝트의 중심점을 계산한다. 오브젝트의 중심점은 다음 식 (4-5)와 같이 움직임을 갖는 블러브의 기하학 머우먼트 (moment) 계산을 통해 수행되며 계산된 중심점은 특징벡터로 사용된다.

$$M^{'}_{p,q} = \int_{-\infty}^{\infty} \int_{-\infty}^{\infty} x^{p} y^{p} f(x,y) dx , dy \qquad (4-5)$$

여기서 변수 $f(x,y)$는 분석 대상의 움직임을 갖는 블러브의 영역을 나타낸다. 중심점은 궤적변수로서 매 프레임마다 저장 관리된다. 그리고 중심점과 블러브 영역을 통해 오브젝트의 가로크기 $MV_{w}(i)$와 세로크기 $MV_{h}(i)$를 계산한다. 이러한 값들은 오브젝트의 일정영역을 표현하기 위한 것으로 최소 경계영역(MBR: minimum bounding rectangle)을 나타내는 범위로 사용된다. 그림 4-7은 계산된 중앙의 위치 좌표와 오브젝트의 가로,세로 크기 값을 이용해, 영상에 MBR을 그린 것이다. 극심한 조명의 변화로 인해 그림 4-7의 (a)에서와 같이 좌측 상단측에 잡음을 오인지하는 경우도 발생한다.

(a) 레이블링 된 영상 I   (b) 레이블링 된 영상 II

그림 4-7. MBR을 통한 움직임을 가진 오브젝트 표현

4.2.3 속성 데이터 융합을 위한 특징벡터 선택 기법

신뢰적인 시각 검지, 추적, 인식을 위해 특징벡터 선택(feature selection) 문제는 가장 고려가 되어야 하는 부분이다. 다중 오브젝트를 묘사하는 각각 의 특징벡터 집합은 특징벡터 맵(feature map)에 매핑 되어 사용될 수 있 다. 특징벡터 맵은 검지된 블러브와 실제 목표물 간의 연관을 위한 시각 검 색(visual search) 프로세스로서 사용될 수 있다. 그리고 움직이는 오브젝 트를 표현하기 위한 특징벡터로는 칼라, 위치, 속도, 가속도 정보는 움직이 는 오브젝트의 운동모델이나 윤곽정보들을 묘사하기 위해 사용된다. 선택된 특징벡터 및 특징벡터 추출루틴에 의해 연관된 특징벡터 맵은 연속적인 이 미시 시퀀스에서 처리가 될 수 있도록 유지관리 된다. 이와 같은 작업을 위 해 추적하고자 하는 목표물이 공간상에 점유하고 있는 지역을 묘사하기 위 한 칼라모델은 중기간 저장 메모리(middle-term memory)에 저장된다.

다음은 추적을 위한 추적 초기화(track initialization) 작업을 위해 특징벡터 선택과정 및 물체의 움직임에 대한 모델링 구축과정을 설명한다. 먼저, 추적을 위한 초기화 과정으로 추적체의 운동모델을 설정하는 것이 필요하다. 움직임을 갖는 오브젝트의 운동모델을 구하기 위해 대표적인 파라미터 설정을 하기로 하자. 변수 $o = [o_1, o_2, \cdots, o_M]$는 추적하기 위한 오브젝트의 집합을 나타낸다고 가정함으로써 시작한다. 변수 φ는 오브젝트 o_i의 움직임 방향정보를 나타내고 변수 $x = [\,x_i,\, y_i\,]^T$는 오브젝트 o_i에 따른 중심값을 나타낸다. 오브젝트 o_i는 속도 벡터 $v = [\,\dot{x}_i,\, \dot{y}_i\,]^T$를 가진다. 여기서 변수 $\dot{x}_i$와 $\dot{y}_i$는 시간 t에 의해 위치 값 x_i와 y_i의 1차 미분을 통해 계산된 값이다. 그러면 식 (4-6)와 같이 Kanade-Lucas 추적식을 이용하여 속도와 가속도를 계산한다.

$$\mathbf{v} = G^{-1}e \quad , \quad \dot{\mathbf{v}} = \frac{d\mathbf{v}}{dt} = -G^{-1}(\Sigma \mathbf{v} + u^e)$$
$$\text{where } G = \int_W gg^T \omega dA \ , \ e = \int_W (I(\mathbf{x},t) - I(\mathbf{x},t+\tau))g\omega dA \ , \qquad (4-6)$$
$$\Sigma = \frac{d}{dt}G \ , \ u^e = \frac{d}{dt}e$$

오브젝트의 특징벡터로부터 움직임 방향정보는 그림 4-6에서와 같이 광학 흐름 벡터(optical flow method)에 의해 추출된 움직임 벡터(motion vectors)를 사용해서 계산된다. 오브젝트의 움직임 벡터를 획득하기 위해 오브젝트 영역에 위치한 각각의 픽셀의 방향정보를 계산한다. 즉, 다음 식 (4-7)과 같이 벡터 φ로 표현될 수 있다.

$$\varphi(rad) = angle(\frac{v_y}{v_x}) \qquad 0 \leq \varphi < 2\pi$$
$$= \{\varphi \,|\, \sin\varphi = v_y /\|\,\mathbf{v}\,\|\} \bigcap \{\varphi \,|\, \cos\varphi = v_x /\|\,\mathbf{v}\,\|\} \bigcap \{\varphi \,|\, \tan\varphi = v_y / v_x\}$$

$$(4-7)$$

114

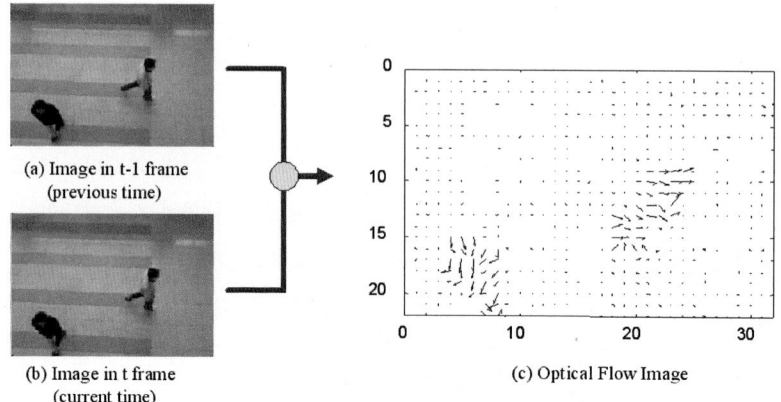

(a) Image in t-1 frame
(previous time)

(b) Image in t frame
(current time)

(c) Optical Flow Image

그림 4-8. Optical flow method에 의해 추출된 움직임 벡터

여기서 변수 v_x와 v_y는 x, y 방향 각각을 위한 움직임 벡터를 나타낸다. 그리고 이 움직임 벡터의 절대치는 $\|v\| = \sqrt{v_x^2 + v_y^2}$와 같다. 식 (4-7)의 방향정보 φ로부터 x와 y의 방향정보 $\dot{x} = \|v\|\cos\varphi$, $\dot{y} = \|v\|\sin\varphi$를 알 수 있다. 그리고 이를 다시 식 (4-8)과 같이 시간 변수 T에 의해 미분을 함으로써, 속도 및 가속도 정보를 계산한다.

$$\frac{d}{dt}\varphi = -\frac{1}{\|v\|\sin\varphi}\ddot{x} = \frac{1}{\|v\|\cos\varphi}\ddot{y} = \frac{1}{2\|v\|}\left(\frac{1}{\cos\varphi}\ddot{y} - \frac{1}{\sin\varphi}\ddot{x}\right) \quad (4-8)$$

최종적으로 식 (4-7)과 (4-8)을 사용해서 제시된 시스템 모델은 다음 식 (4-9)와 (4-10)에 의해 표현될 수 있다.

$$\dot{s} = \Psi s + \Pi u^e + v \qquad v \sim N(0, Q) \qquad (4-9)$$

$$\Psi = \begin{bmatrix} O_{2\times2} & I_2 & O_{2\times2} & O_{2\times1} \\ O_{2\times2} & -G^{-1}\Sigma & O_{2\times2} & O_{2\times1} \\ O_{2\times2} & O_{2\times2} & O_{2\times2} & O_{2\times1} \\ O_{1\times2} & O_{1\times2} & \dfrac{1}{2\|\mathbf{v}\|}\begin{bmatrix} -\csc\varphi & \sec\varphi \end{bmatrix} & 0 \end{bmatrix}, \Pi = \begin{bmatrix} O_{2\times2} \\ -G^{-1}I_2 \\ O_{2\times2} \\ O_{1\times2} \end{bmatrix} \quad (4\text{-}10)$$

여기서 변수 O_{mxn}은 $m \times n$ 영 메트릭스(zero matrix)이고, I_m는 $m \times m$ identity 메트릭스이다. 그리고 변수 $s = [x^T, v^T, a^T, \varphi]^T$는 시스템 상태를 나타낸다. 여기서 각각의 변수는 움직임을 가지는 오브젝트의 중앙값, 속도, 가속도, 방향정보를 나타낸다. 상태 벡터에서의 속도 정보는 오브젝트가 좌측이나 우측으로 선회를 할 경우를 위한 모델요소로 사용된다. 이 모델은 공분산 Q를 가진 랜덤한 가속도의 변화를 가정한다. 또한 영상 속도에서의 변화를 나타내기도 한다. 변수 Q의 고유벡터(eigenvalues)가 커지면 커질수록, 이전의 관측 값은 상태 조정에 있어서 상대적으로 적은 가중치가 주어진다. 이것은 시스템이 오브젝트 속도에 대한 변화에 적응하도록 만든다. 하나의 프레임에서 다음 프레임 사이의 타임간격 Δt가 매우 작기 때문에 변수 F는 시간 간격 (t_k, t_{k+1})상에서 항상 일정하다고 가정된다. 따라서, 상태 전이 메트릭스는 다음 식 (4-11)과 같이 주어진다.

$$F_k = e^{\Psi\Delta t} = \begin{bmatrix} I_2 & I_2\Delta t & \dfrac{\Delta t^2}{2}I_2 & O_{2\times1} \\ O_{2\times2} & I_2 - G^{-1}\Sigma\Delta t & O_{2\times2} & O_{2\times1} \\ O_{2\times2} & O_{2\times2} & I_2 & O_{2\times1} \\ O_{1\times2} & O_{1\times2} & \dfrac{\Delta t}{2\|\mathbf{v}\|}\begin{bmatrix} -\csc\varphi & \sec\varphi \end{bmatrix} & 1 \end{bmatrix} \quad (4\text{-}11)$$

변수 $z = [z_1, z_2, \cdots, z_M]$와 z_i는 오브젝트 o_i를 위한 관측 벡터를 나타낸다. 제시된 모델에서 오브젝트의 중심 값과 움직임 방향정보는 시스템 관측 값으로서 다루어진다. 관측 벡터는 다음을 만족한다.

$$z_i = H\mathbf{s} + w \qquad w \sim N(0, R)$$

$$H = \begin{bmatrix} 1 & 0 & 0 & 0 & 0 & 0 & 0 \\ 0 & 1 & 0 & 0 & 0 & 0 & 0 \\ 0 & 0 & 0 & 0 & 0 & 0 & 1 \end{bmatrix} \tag{4-12}$$

여기서 메트릭스 H는 변수 z_i와 $\mathbf{s}$간의 관계를 연결한다. 결국, 오브젝트 운동모델은 적절한 파라미터들을 설정함으로써 결정된다.

4.2.4 폐색 예측을 위한 시간적 집중 기법

시간적 정보는 시간차에 의한 에너지 변이, 움직임 변화량과 같은 정보를 제공한다. 따라서 오브젝트의 움직임에 대한 모델을 가지고 있다면 과거의 오브젝트 움직임이나 모델로부터 가까운 미래의 오브젝트 움직임을 예측할 수 있을 것이다. 즉, 다중의 오브젝트가 서로간에 폐색되거나 장애물 뒤로 숨을 지라도 그들의 움직임을 대략 예측할 수 있다. 비록 그것이 정확한 것은 아니지만 추정을 위한 가장 최적의 정보를 줄 수 있다. 위와 같은 사실을 표현하기 위한 기술이 폐색 활성 검지 기법(occlusion activity detection algorithm)이다. 폐색 검지 기법은 움직이는 오브젝트의 행동모델을 기반으로 다음 단계의 폐색 상태를 예측하는 기법이다. 폐색이 예측되면 폐색 분석을 위한 알고리즘을 적용 가능하게 만든다. 즉, 시간적 집중(temporal attention) 모델을 적용 가능하게 만든다. 제시된 알고리즘에서는 집중 윈도우에서 각각의 오브젝트들의 최소 경계 영역 (MBR)을 비교한 후에, 현재 프레임상에서의 폐색 상태 정보를 갱신한다. 폐색 활성 검지 알고리즘은 다음과 같이 2개의 단계로 구성될 수 있다.

단계 1: 폐색 예측 단계

그림 4-9에서 보는 바와 같이 단계 1은 식 (4-13)과 (4-14)의 Kalman 필터 예측 식을 적용하여 블러브의 중심점 좌표를 예측한다.

$$\hat{S}(k+1/k) = F(k)\hat{S}(k/k) + u(k) \qquad (4-13)$$

$$\hat{Z}(k+1/k) = H(k+1)\hat{S}(k+1/k) \qquad (4-14)$$

여기서 변수 $S(k+1/k)$는 시간 k까지의 축적된 관측 값이 주어졌을 경우, 시간 $k+1$에서의 상태 벡터를 나타낸다. 변수 $F(k)$는 상태 전이 메트릭스이고 변수 $u(k)$는 평균이 0인 가우시안 프로세스 잡음을 나타낸다. 예측된 중심점을 이용하여 집중 윈도우상에서 교집합 함수를 이용하여 오브젝트 간의 중첩을 검사한다. 따라서, 폐색 활성은 식 (4-15)와 같이 예측된 중심점상에서 각각의 오브젝트 최소 경계 영역들, MBR_i이 서로간에 중첩이 있는지 없는지를 비교함으로써 계산된다.

$$F_{oc} \begin{cases} 1 & \text{if } (\text{MBR}_i \cap \text{MBR}_j) \neq \phi \\ 0 & \text{otherwise} \end{cases}, \text{ where } i, j = 1, ..., m \quad (4-15)$$

여기서 변수 F_{oc}는 폐색 알림 플래그 변수이고 변수 아래에 쓰인 변수 i와 j는 이전 프레임에서 검지된 목표물의 인덱스를 나타낸다. 만약 중첩된 영역이 예측된 위치에서 발견이 된다면 다음 프레임에서 폐색 발생 확률은 증가할 것이다. 따라서 폐색 활성 상태는 폐색에 대비해서 집중적으로 분석 가능한 알고리즘 적용을 알리는 기능을 수행한다.

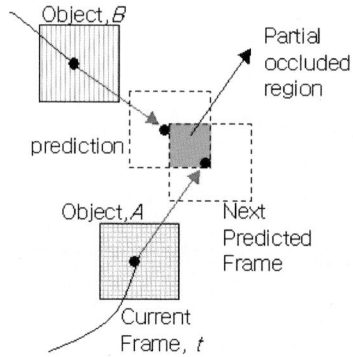

그림 4-9. 예측된 위치정보를 이용한 폐색 예측 방법

(a) occluded people; example 1

(b) Validation region using occlusion reasoning; result of (a)

(c) occluded people; example 2

(d) Validation region using occlusion reasoning; result of (c)

그림 4-10. 폐색 추론을 이용한 유효 직역 결정

단계 2: 폐색 상태 업데이트 단계

폐색 활성 상태는 현재의 프레임에서 갱신될 수 있다. 폐색 발생 상태를 확인하기 위한 방법으로는 검지된 블러브의 유효범위를 검사하는 방식으로 식별될 수 있다. 만약 레이블링 된 블러브의 크기가 유효범위 영역 내에 포함되어 있다면 폐색 상태 플래그는 발생하지 않았음을 나타낸다. 그렇지 않다면 해당 영역에서 폐색이 발생을 했다고 결론 내린다. 따라서 폐색 활성 플래그는 활성화되어 폐색된 영역의 분석을 요구한다. 이때 그림 4-10에서 볼 수 있듯이 예측된 최소 경계 영역에서 이전의 오브젝트 유효범위 영역 값을 이용하여 예측된 지점에서의 최소 경계 영역으로 재설정한다. 그리고 나서 각각의 예측된 지점의 중심점 값을 기억한다. 또는 Kalman 필터 게인 값을 계산하고 관측 값으로 사용하여 갱신한다[11]. 그러나 이러한 예측된 지점은 가장 최적의 값은 아니기 때문에 보다 더 정확한 정보 계산을 위하여 다음절에서 설명하게 되는 오브젝트 연관 기법으로 이를 보완한다.

4.2.5 오브젝트 연관을 위한 공간적 집중 기법

공간집중방식(Spatial Attention Mechanism)은 프레임상의 특정 위치의 집중 윈도우에 적용될 수 있다. 폐색 상태가 일정기간 유지될 때, 추적 연관(track association)이 없다면 추적 궤도의 실패나 잘못된 연관으로 인해 추적 실패를 일으킬 수 있다. 이를 해결하기 위한 방법으로 집중 윈도우 모드에서 부분정보만을 이용한 오브젝트연관 기법을 적용한다. 제시된 연관 기법은 폐색상태에서의 위치정보 결정 및 프레임 간에 추적 목표물의 일치성(identity)에 대한 결정[51]을 가능하게 만든다. 따라서 과거의 축적된 정보로부터 이전 오브젝트 칼라 모델을 고려한 공간 집중방식은 이전 추적 모델(a priori target model), 목표물의 다이나믹 모델(target dynamic model), 특징 벡터 관측 모델(observation model) [8]로부터 획득된 데이터를 포함함으로써, 위치 및 칼라 정보를 결합하는 프로세스로서 묘사될 수 있다. 뿐만 아니라 폐색된 블러브의 일치성 확인을 위해 부분 정보만을 이용한 오브젝트 연관 기법은 폐색 정보가 활성화된 상태에서 실제 목표물과 관측된 오브젝트 간의 연관을 통한 부분확률 정보를 제공한다.

오브젝트 연관 기법을 위한 정합 기준으로 연속 제거 알고리즘(SEA: successive elimination algorithm)이 사용되었다[52]. 연속 제거 알고리즘은 이전의 추적 모델과 특징벡터 관측 모델 간의 오브젝트 연관을 위한 목표물의 일치성을 확인하기 위한 알고리즘이다. 이전 추적 모델을 위해 버퍼링 된 오브젝트 픽셀 데이터는 사용된다. 큐에 버퍼링 되어있는 데이터와 후보 블록의 픽셀 데이터 간의 정합관계를 계산한다. 만약 블버브의 크기가 $N \times N$ 픽셀이라고 가정하면 검색 윈도우는 예측된 위치의 지점을 기준으로 $(2N+1) \times (2N+1)$ 픽셀 크기의 윈도우를 가지고, $f(i, j, t)$는 프레임 t에서 후보 블록 (i, j)의 픽셀 명암(intensity)을 표현한다고 할 수 있다. 변수, $f(i, j, t-1)$는 정합 블록으로서 MV를 나타낸다. 이러한 변수들을 사용해서 평균 절대치 차(MAD: mean absolute difference)는 2개의 블록 간의 정합을 측정하기 위한 함수로서 사용된다. 평균 절대치 차 기법은 이전에 저장된 블러브 모델과 이전의 추적 모델을 사용하여 현재 프레임 t상에서 수행된다. 수학적 부등식으로 다음 식 (4-16)과 같이 표현된다.

$$\left\| f(i,j,t-1) \right| - \left| f(i-x,j-y,t) \right\| \leq \left| f(i,j,t-1) - f(i-x,j-y,t) \right| \tag{4-16}$$

이 식은 블록에서 모든 픽셀을 계산하기 위한 것으로 다음의 2개의 식은 동일하게 적용될 수 있다.

$$\sum_{i=1}^{N}\sum_{j=1}^{N}\left|f(i,j,t-1)\right| - \sum_{i=1}^{N}\sum_{j=1}^{N}\left|f(i-x,j-y,t)\right| \qquad (4-17)$$

$$\leq \sum_{i=1}^{N}\sum_{j=1}^{N}\left|f(i,j,t-1) - f(i-x,j-y,t)\right|$$

$$\sum_{i=1}^{N}\sum_{j=1}^{N}\left|f(i-x,j-y,t)\right| - \sum_{i=1}^{N}\sum_{j=1}^{N}\left|f(i,j,t-1)\right| \qquad (4-18)$$

$$\leq \sum_{i=1}^{N}\sum_{j=1}^{N}\left|f(i,j,t-1) - f(i-x,j-y,t)\right|$$

여기서 변수 x와 y는 검색공간에 해당하는 2개의 요소들의 움직임 벡터를 나타내며, $-M \leq x, y \leq M$ 범위의 값을 가진다. 식 (4-17)에서의 첫 번째 합은 R에 의해 나타낸 이전 추적 모델 블록의 합의 평균(sum norm)이다. 그리고 두 번째 표현 식은 변수 $M(x, y)$에 의해 나타낸 움직임 벡터, (x, y)를 가진 정합 후보 블록의 합의 평균이다. 오른편 식은 움직임 벡터 (x, y)를 가지고 평가된 MAD를 나타낸다. 따라서, 식 (4-17) 및 (4-18)은 식 (4-19)와 (4-20)으로 다시 표현될 수 있다.

$$R - M(x, y) \leq MAD(x, y) \qquad (4-19)$$

$$M(x, y) - R \leq MAD(x, y) \qquad (4-20)$$

특정한 오브젝트의 뒤에 가려진 오브젝트의 정합 결과는 잘못된 인증결과를 가져올 수 있다. 왜냐하면 이러한 오브젝트는 이미지상에서 부분정보만을 나타내기 때문이다. 따라서, 이를 해결하기 위한 방법으로 각각의 세부 블록 단위의 정합을 위해 N개의 서브 블록으로 참조 블록을 나누어 분석한다. 즉, 후보 블록의 부분 정보 확률(partial probability model)을 계산한다. 이것은 부분 확률 모델 하에서 일치성 추론을 위한 선택적 증거 추론(alternative evidential reasoning) 기반 방식이다. 전형적인 시퀀스의 개념은 실제 추적 타입, i가 주어졌을 때, i, j 요소 부분, P_i의 견지에서 다음 식 (4-21)과 같이 정의된다.

$$P_i = \{a_{11}, \ldots, a_{ij} \ / \ \text{target type i}\} \qquad (4-21)$$

만약 세부 윈도우 확률 값들의 합이 다음 식 (4-22)와 같이 일정 임계치보다 크다면 그것을 추적 목표물로서 간주하는 것이다.

$$p(P_i) = \frac{1}{NM} \sum_{i=1}^{N} \sum_{j=1}^{M} \vartheta(a_{ij}) \geq Th \qquad (4-22)$$

식 (4-22)를 위해 폐색된 오브젝트의 정합 확률은 그림 4-11에서와 같이 $i \times j$ 개의 세부 윈도우로 나눈 후에 식 (4-23)을 이용하여 계산된다.

$$\vartheta(i,j) = \begin{cases} 1 & \text{if } MAD(x,y) \geq R - M(x,y) \\ 0 & oterwise \end{cases} \qquad (4-23)$$

이와 같은 식으로 폐색된 오브젝트의 점유 지역부분은 추정될 수 있다. 추정된 정보를 이용해서 각각의 오브젝트의 중심점은 다시 계산된다. 그림 4-12는 제시된 알고리즘의 전체 시스템 흐름도를 나타낸다.

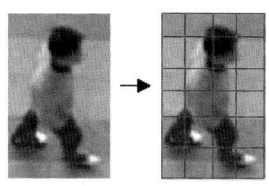

(1,1)	(1,2)	(1,3)	(1,4)
(2,1)	(2,2)	(2,3)	(2,4)
(3,1)	(3,2)	(3,3)	(3,4)
(4,1)	(4,2)	(4,3)	(4,4)
(5,1)	(5,2)	(5,3)	(5,4)
(6,1)	(6,2)	(6,3)	(6,4)

$$\frac{1}{NM} \sum_{i=1}^{N} \sum_{j=1}^{M} \vartheta(i,j) = 1$$

그림 4-11. 지역 특징정보 분석을 이용한 오브젝트
연관 기법 및 부분확률 모델 적용

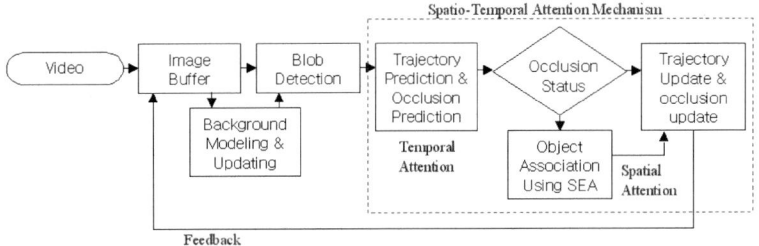

그림 4-12. 다중 목표물 추적을 위한 시스템의 흐름도

4.3 데이터 연관 기법을 이용한 다중 표적의 추적 기법

다중의 목표물을 추적하기 위해 그림 4-13과 같은 결합 확률 데이터 연관 필터(JPDA: joint probabilistic data association filter)는 적용된다[7], [8], [50]. 확률 데이터 연관(PDA: probabilistic data association) 기법과 유사하게 JPDA 알고리즘은 다양한 목표물에 최근의 관측 값, $Z(k)$의 연관 확률을 계산한다. JPDA 알고리즘의 핵심은 현재 시간 k에 속하는 결합 연관 이벤트의 조건부 확률의 평가이다. JPDA 알고리즘은 동시에 다중의 사람을 추적하기 위해 움직임을 가지는 블러브 $Z(k)$의 최근 집합을 목표물에 연관시키는 확률을 계산하는 것으로부터 시작한다. 다음 단계는 다중의 사람들 간에 연관 확률을 계산하기 위한 프로시져를 기술한다.

단계 1: 유효 메트릭스의 구성(construction of validation matrix)

우선, 현재의 이미지 프레임 k에 속하는 결합 연관 확률의 조건부 확률 평가를 위해 유효 메트릭스(validation matrix)를 다음 식 (4-24)와 같이 정의한다.

124

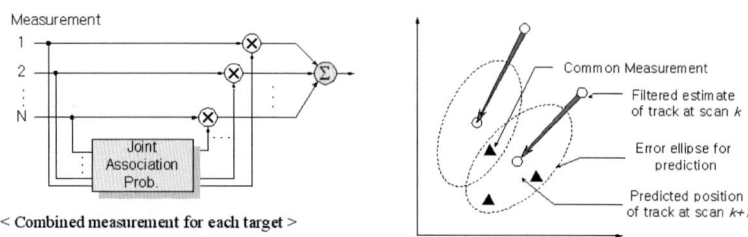

그림 4-13. JPDA 필터 개념: 다중의 관측정보의 연관 기법

$$\theta = \bigcap_{j=1}^{m_k} \theta_{jt_j} \qquad (4-24)$$

여기서 변수 θ_{jt} 는 사람 t로부터 기인된 블러브를 나타낸다. 이의 범위는 $j=1, \cdots, m_k, t=0, \cdots, T$와 같다. 결합 연관 이벤트, θ 는 다음 식 (4-25)의 메트릭스에 의해 표현될 수 있다.

$$\hat{\Omega}(\theta) = \left[\hat{\omega}_{jt}(\theta)\right] \qquad (4-25)$$

식 (4-25)는 θ 에서의 연관과 일치되는 Ω 에서의 유닛으로 구성된다.

$$\hat{\omega}_{jt}(\theta) = \begin{cases} 1 & if \ \theta_{jt} \subset \theta \\ 0 & otherwise \end{cases} \qquad (4-26)$$

여기서 블러브는 단지 하나의 소스만을 가질 수 있으며 하나의 블러브는 하나 이상의 사람으로부터 기인될 수 없다고 가정한다. 이것은 유효 메트릭스 구성을 위한 필수 조건이다. 만약 폐색이 일어난다면 이러한 조건은 만족시키지 못하기 때문에 에러를 발생하게 된다.

1) 폐색된 경우:
재 계산된 블러브의 위치 정보를 사용하여 추적 시스템은 유효 메트릭스 조건을 만족시킨다. JPDA 추적 필터 내부에 폐색 모드와 비폐색 모드를 포함하는 상태 전이 모드에 따라 다양한 폐색 시나리오를 다루기 위한 상태 전이 모델을 적용한다. 폐색 예측 및 검지 규칙에 따라 변경될 수 있는 현재 상태의 천이는 단지 조건적으로 처리된다. 폐색 프로세스는 폐색 예측 및 검지를 수행하며 상태 천이 모드에 따라 폐색된 오브젝트의 분할을 수행한다. 그림 4-14은 2개의 상태를 가진 상태 천이 다이어그램을 나타낸다. 각각의 상태는 각각의 이미지 프레임에서 폐색의 상태를 반영한다. 폐색 상태하에서 폐색된 사람들의 상태정보 재 계산은 수행되고 재 계산된 정보에 따라 추적 알고리즘은 적용된다.

2) 폐색이 안된 일반적인 경우:
폐색이 되지 않은 상태에서는 일반적인 기본 JPDA 추적 알고리즘이 적용된다.

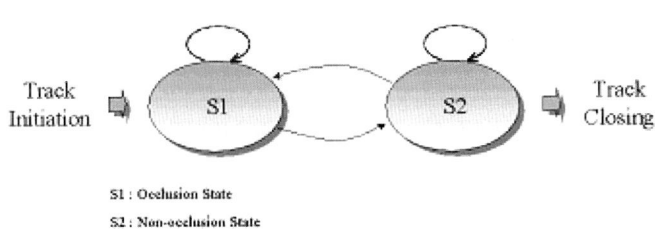

S1 : Occlusion State
S2 : Non-occlusion State

그림 4-14. 상태 전이 다이어그램

단계 2: (결합 연관 확률 계산)

이 단계에서의 목표는 이미지 시퀀스의 현재 프레임 k에서의 j번째 블러브와 사람 t 간의 연관 되어 질 수 있는 확률인 한계 연관 확률 (marginal association probability) β_{jt}를 계산하는 것이다. 상태를 추정하고 결합 확

126

률을 유도하기 위한 목적으로 식 (4-27), (4-28), (4-29)를 정의한다. 식 (4-27)은 사람 검지 알림기, $\delta_t(\theta)$ 를 나타낸다. 식 (4-28)은 블러브 연관 알림기, $\tau_j(\theta)$ 를 나타낸다. 그리고 식 (4-29)는 오인지(false alarms)된 블러브, $\phi(\theta)$ 의 수를 나타낸다.

$$\delta_t(\theta) \equiv \sum_{j=1}^{m_k} \hat{\omega}_{jt}(\theta) \leq 1, \quad t=1,...,T \qquad (4-27)$$

$$t_j(\theta) \equiv \sum_{t=1}^{T} \hat{\omega}_{jt}(\theta), \quad j=1,...,m_k \qquad (4-28)$$

$$\phi(\theta) = \sum_{j=1}^{m_k} [1 - \tau_j(\theta)] \qquad (4-29)$$

1) 조건부 확률(Conditional Probability):

Bayes 규칙을 이용하여 현재 이미지 프레임 k에서의 유효화된 블러브의 집합, Z^k가 주어졌을 때 결합 연관 이벤트, $\theta(k)$ 의 조건부 확률은 다음 식 (4-30)과 같이 계산될 수 있다.

$$\begin{aligned} P\{\theta(k)|Z^k\} &= P\{\theta(k)|Z(k),Z^{k-1}\} \\ &= \frac{1}{c} p[Z(k)|\theta(k),Z^{k-1}]P\{\theta(k)|Z^{k-1}\} \\ &= \frac{1}{o} p[Z(k)|\theta(k),Z^{k-1}]P\{\theta(k)\} \end{aligned} \qquad (4-30)$$

여기서 변수 c는 정규화 상수를 말한다.

2) 우도 함수(Likelihood Function):

식 (4-30)에서 오른편에 있는 PDF는 식 (4-31)과 같다.

$$p[Z(k)\,|\,\theta(k),Z^{k-1}] = \prod_{j=1}^{m_k} p[z_j(k)\,|\,\theta_{jt_j}(k),Z^{k-1}] \qquad (4-31)$$

위치(origin)가 주어졌을 때, 블러브의 조건부 PDF는 식 (4-32)와 같이 가정될 수 있다.

$$p[z_j(k)\,|\,\theta_{jt_j}(\text{k}),Z^{k-1}] = \begin{cases} N_{t_j}[z_j(k)] & \text{if } \tau_j[\theta(k)]=1 \\ V^{-1} & \text{if } \tau_j[\theta(k)]=0 \end{cases} \qquad (4-32)$$

여기서 사람 t_j와 연관된 블러브는 가우시안 PDF, $N_{t_j}[z_j(k)]$를 가진다. 어떠한 사람과도 연관되지 않은 블러브는 볼륨 V의 견지에서 균등하게 분포한다고 가정한다. 식 (4-32)를 사용하여 PDF 식 (4-31)은 식 (4-33)과 같이 다시 쓰여질 수 있다.

$$p[Z(k)\,|\,\theta(k),Z^{k-1}] = V^{-\phi(\theta)} \prod_{j=1}^{M_\ell} [N(\hat{x}_j;x_i,\Sigma_i)]^{\tau_j(\theta)} \qquad (4-33)$$

3) 사전 확률(Prior Probability):
식 (4-35)와 식 (4-36)을 식 (4-34)로 통합하는 결합 연관 이벤트, $\theta(k)$의 사전확률은 식 (4-37)을 생산한다.

$$\begin{aligned} P\{\theta(k)\} &= P\{\theta(k),\delta(\theta),\phi(\theta)\} \\ &= P\{\theta(\text{k})\,|\,\delta(\theta),\phi(\theta)\} \cdot P\{\delta(\theta),\phi(\theta)\} \end{aligned} \qquad (4-34)$$

각각의 이벤트는 사전에 동일할 것이라는 가정하에, 식 (4-34)에서의 첫 번째 요소는 다음 식 (4? 35)을 가진다.

$$P\{\theta(k)\,|\,\delta(\theta),\phi(\theta)\} = \left(P_{m_k-\phi(\theta)}^{m_k}\right)^{-1} = \left(\frac{m_k!}{\phi!}\right)^{-1} = \frac{\phi!}{m_k!} \qquad (4-35)$$

그리고 마지막 요소는 식 (4-36)과 같다.

$$P\{\delta(\theta), \phi(\theta)\} = \prod_{t=1}^{T} (P_D')^{\delta_t} (1 - P_D')^{1-\delta_t} \mu_F(\phi) \qquad (4-36)$$

여기서 변수 P_D' 는 사람 t의 검지 확률이고 변수 $\mu_F(\phi)$ 는 잘못 검지된 블러브 수에 대한 사전 PMF이다.

$$P\{\theta(k)\} = \frac{\phi(\theta)!}{\varepsilon \cdot m_k!} \prod_{t=1}^{T} (P_D')^{\delta_t} (1 - P_D')^{1-\delta_t} \qquad (4-37)$$

그리고, 푸아송 사전확률(Poisson prior)을 가지는 결합 연관 확률은 식 (4-38)과 같다.

$$P\{\theta(k) \mid Z^k\} = \frac{\lambda^\phi}{c'} \prod_{j=1}^{m_k} [N_{t_j}(z_j(k))]^{\tau_j} \prod_{t=1}^{T} (P_D')^{\delta_t} (1 - P_D')^{1-\delta_t} \qquad (4-38)$$

여기서 변수 c'는 새로운 정규화 상수이고 변수 λ 는 잘못 검지된 블러브의 분포를 나타낸다.

4) 연관 확률(Association Probability):

확률적 추론은 잘못 기인된 잡음요소나 클러스터의 분포로부터 유효 영역에 있는 블러브의 수 및 위치에 의해 이루어질 수 있기 때문에, 식 (4-38)로부터 한계 연관 확률, β_{jt} 는 다음 식과 같이 계산된다.

$$\beta_{jt} \equiv P\{\theta_{jt} \mid Z^k\} = \sum_{\theta} P\{\theta \mid Z^k\} \hat{\omega}_{jt}(\theta)$$

$$\text{where} \quad j = 1, \cdots, m_k \quad , \quad t = 0, 1, \cdots, T \qquad (4-39)$$

단계 3 : 상태 추정 기법(State Estimation)

마지막으로 각각의 사람들을 위한 상태 추정 방정식이 계산된다. 상태는 가장 최근의 추정 값과 공분산 메트릭스에 의해 분포된 정규화된 가우시안이라고 가정한다. 상태 갱신 식은 (4-40)과 같이 처리된다.

$$\hat{x}(k/k) = \hat{x}(k/k-1) + W(k)v(k) \qquad (4-40)$$

여기서,

$$v(k) \equiv \sum_{i=1}^{m_k} \beta_i(k)v_i(k) \qquad (4-41)$$

위 식은 이노베이션(innovations) 값에 의존적인 확률, $\beta_i(k)$ 에 기인하기 때문에 매우 비선형적이다. 표준 Kalman 필터와 같지않게 공분산 식은 블러브에 독립적이다. 그리고 갱신된 상태 추정과 연관된 에러 공분산의 추정 정확성 식 (4-42)는 실제 직면한 데이터에 의존한다.

$$P(k/k) = \beta_0(k)P(k/k-1) + [1-\beta_0]P^c(k/k) + \widetilde{P}(k) \quad (4-42)$$

상태 예측과 이미지 프레임 k+1까지의 관측 값은 표준 Kalman 필터에서처럼 수행된다. 영상기반 추적에서의 폐색 문제를 해결하기 위해 확장된 JPDA 필터는 순환적으로 처리된다.

4.4 시각 검지 및 추적 기법 실험평가

4.4.1 검지 및 추적 실험평가

지능형 감시 및 경계로봇을 위한 시각 검지 및 추적 시스템 구조는 복잡한 길에서 움직이는 사람들을 추적하기 위한 능력을 평가하기 위해 실제 동영상으로 촬영한 데이터를 이용한다. 실험에서는 두 가지의 폐색이 일어나는 상황이 고려되었다. 이러한 환경하에서 목표물 추적 시 오브젝트 간에 근접하게 이웃한 목표물을 추적하거나 서로간에 교차하여 움직이는 목표물 추적 등의 문제에 효율적인 대처방안을 가진 알고리즘이 필요하다. 앞의 절에서 제시된 알고리즘은 예측 기반 추정방식과 데이터 연관 기법을 이용하여 위와 같은 실제 환경상에 3차원 오브젝트들을 추적하는 데 있어 발생할 수 있는 폐색 문제를 해결하고 있다. 또한 오브젝트 간에 인접되어 있거나 중첩된 경우 서로 교차하는 문제 등을 해결한다.

획득된 영상은 다음과 같은 조건으로 수집된 영상을 사용한다. 예제 1번은 총 640 프레임으로 구성되어있고 1초당 15프레임을 획득하는 장치를 사용했다. 영상의 크기는 240×320의 해상도를 가진다. 예제 2번은 총 570 프레임으로 구성되어 있고 마찬가지로 1초단 15프레임을 획득하는 장치를 사용했다. 영상의 크기는 240×320의 해상도를 가진다. 그림 4-15와 같이 두 명의 사람을 추적하기 위해 추적 초기화 작업은 수행된다. 프로세스 잡음의 분산은 10으로 설정했고 관측 잡음의 분산은 25로 초기화 했다. 두 명의 사람의 경우 좌표계에서 A(17, 60), B(254, 147)과 A(16, 115), B(108, 215)에서 출발을 한다. 예제 1번 동영상에서 오브젝트 A는 왼쪽 아래에서 오른쪽 위로 움직이며, 오브젝트 B는 가운데 중간에서 왼쪽 중간으로 움직인다. 예제 2번 동영상에서는 오브젝트 A가 왼쪽에서 오른쪽으로 움직이며 오브젝트 B는 위에서 아래로 움직인다. 따라서 중간지점에서 각각의 오브젝트들은 서로 교차를 하고, 교차하는 동안 폐색이 발생한다. 각각 34, 24프레임의 폐색 지속구간을 가진다. 여기서 관측범위 내의 목표물의 일반적 크기는 알고 있다고 가정하고 있다. 따라서 다음과 같은 파라미터를 설정할 수 있다. 예제 1번 동영상에서의 유효 범위는 (100 pixel, 60~150 pixel)이고 예제 2의 경우, (100~120, 60~170 pixel)을 가진다.

움직임을 갖는 블러브 검지를 위해 적응형 배경 변화 부분 검지 알고리즘은 수행된다. 현재 프레임에서 획득된 영상과의 차를 이용해서 움직임 부분을 검지하고 이를 바이너리화 및 모폴로지 필터를 사용해 움직임을 갖는 블러브의 위치를 그림 4-15과 같이 찾는다. 만약 움직임을 갖는 블러브가 검지가 되면 레이블링 과정을 통해 각각의 블러브 영역은 인덱스화 된다. 또한 각각의 중심점을 계산해서 특징벡터로 활용된다. 중심점 이외에 사용된 특징벡터로는 속도, 가속도, 방향 정보가 사용되었다.

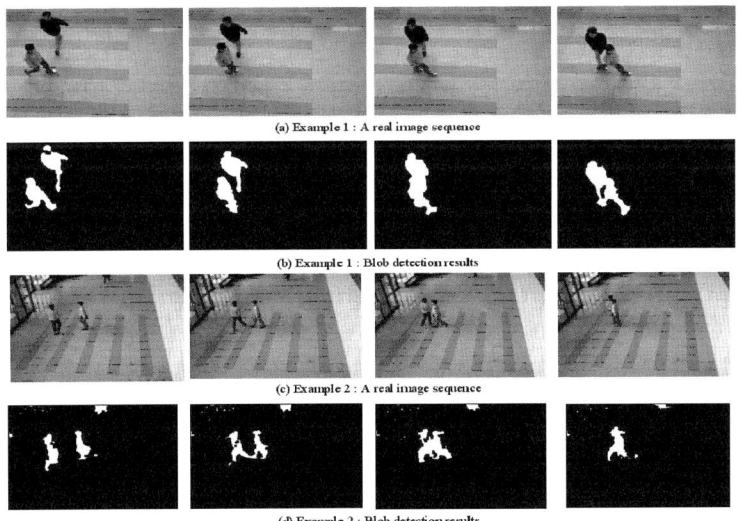

(a) Example 1 : A real image sequence

(b) Example 1 : Blob detection results

(c) Example 2 : A real image sequence

(d) Example 2 : Blob detection results

그림 4-15. 움직임을 가지는 영역(Blobs)을 검지한 영상 이미지 프레임

132

　우선은 오브젝트가 움직일 때, 오브젝트의 윤곽이 변하지 않는 상황에서의 알고리즘 안정성 및 우수성을 보여주기 위해 3개의 사각형이 무작위로 움직이는 동영상을 이용해 폐색 검지 및 추적을 하는 것을 실험 평가한다. 사용된 이미지 시퀀스는 그림 4-16의 (a)와 같이 시작점을 가지며, (b)와 같은 움직임 궤적을 갖는다. 그림 4-16의 (b)와 같이 세 개의 사각형은 부분적 폐색을 가지며 움직인다. 움직임을 갖는 부분을 검지하기 위해 2진화 알고리즘을 사용했다. 이는 검지기능은 정확성을 가진다고 가정했고, 사용한 영상의 배경이 고정적이기 때문에 단순한 세그먼트 기법이 적용된 것이다. 레이블링 작업이 수행된 후에 특징벡터를 추출하고 이를 기반으로 알고리즘이 적용되었다. 폐색 활성 검지 알고리즘 적용을 통해, 사각형 간에 폐색이 예측되면 오브젝트 연관 기법이 적용되었다. 그림 4-17는 이미지 시퀀스 상에서의 사각형 간의 폐색 상태를 검지한 결과를 보여준다. 폐색 활성 검지 알고리즘은 오브젝트 간에 폐색 예측을 통해 추적의 정확성을 올리기 위한 중요한 역할을 수행한다. 다음으로는 폐색 상태에 따라 오브젝트 연관을 위한 부분 확률 모델을 이용한 SEA 알고리즘이 적용된다. 표 4-2는 폐색 검지 율의 성능과 오브젝트 연관 알고리즘의 RMS 에러를 나타낸다.

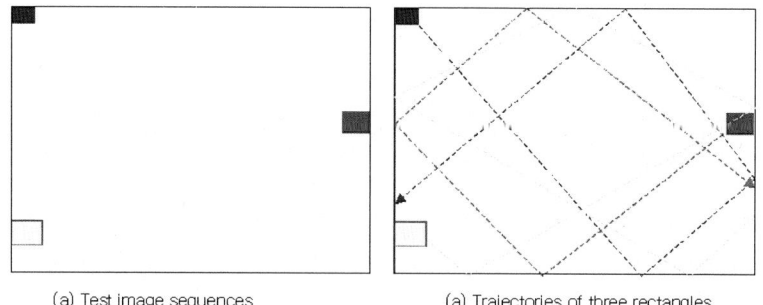

(a) Test image sequences　　　　　(a) Trajectories of three rectangles

그림 4-16. 테스트 이미지 시퀀스 및 추적 궤도

표 4-2. 테스트 이미지 시퀀스를 이용한 실험 결과 평가

Analysis of proposed methods	Result
Occlusion time	9
Total occlusion frame number	76
Accuracy of occlusion status	91.566
RMS error in estimated position x, y; object association	1.2

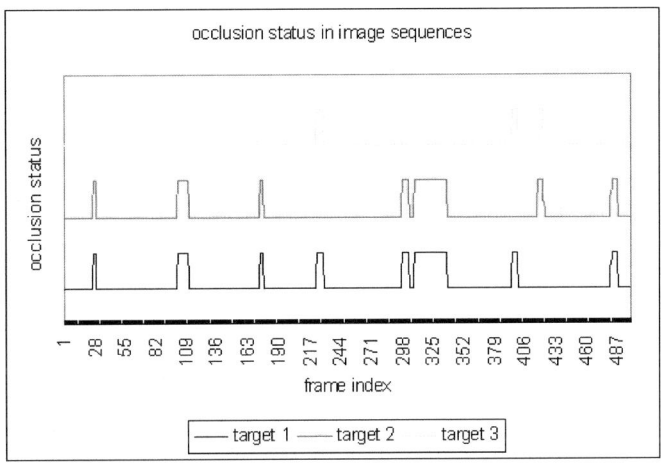

그림 4-17. 이미지 시퀀스상에서의 폐색 상태 검지

134

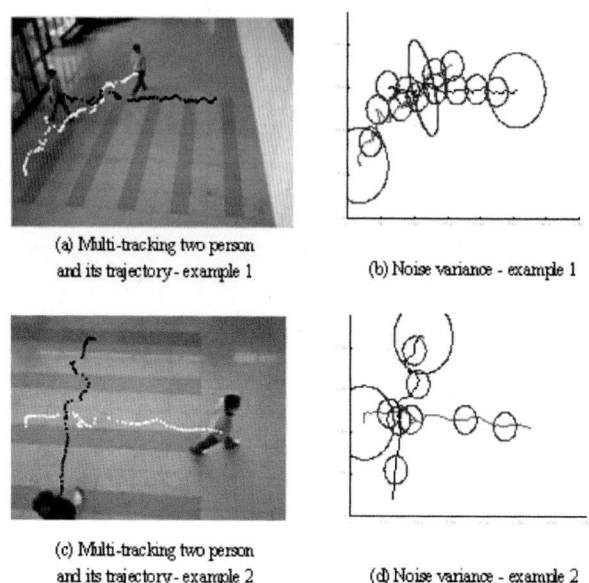

(a) Multi-tracking two person
and its trajectory - example 1

(b) Noise variance - example 1

(c) Multi-tracking two person
and its trajectory - example 2

(d) Noise variance - example 2

그림 4-18. JPDA 필터를 이용한 두 명의 사람 추적 결과:
(a) 및 (c)는 두 사람의 움직임 궤적을 보여준다.
(b) 및 (d)는 움직임 궤적에서 발생한 잡음 분산을 보여준다.

다음으로는 오브젝트가 움직임을 가질 때, 오브젝트의 윤곽이 변하는 경우에 대한 실험을 한다. 사람의 경우 움직일 때, 팔과 다리의 운동에 의해 윤곽정보가 변형된다. 알고리즘의 우수성은 위치 정확성 및 특징벡터 추출 정확성의 견지에서 평가되었다. 또한 복잡한 환경하에서 폐색 발생 시, 추적 능력이 평가된다. 표 4-3은 관측범위 내에 추출된 블러브가 실제 목표물이 아니라는 에러율을 보여준다. 에러율은 다음 식 (4-43)과 같이 계산된다.

$$\varepsilon = \frac{1}{N}\sum_{k=1}^{N}\frac{\left|N_f - N_0\right|}{N_0} \qquad (4-43)$$

여기서 변수 N은 프레임의 수를 나타내며, 변수, N_f는 프레임 k에서 추출된 특징벡터 집합을 나타낸다. 변수, N_0은 프레임 K에서 움직임을 갖는 오 브젝트의 수이다. 그림 4-18은 추적 필터를 통해 계산된 오브젝트들의 궤 적을 나타내고 있으며, 이에 대한 에러범위를 표현하고 있다. 평가는 그림 4-19과 같이 획득된 중심점에서 발생한 RMS 에러율을 사용해서 오브젝트 연관의 우수성으로 평가한다. 그림 4-19의 (a)를 보면, 예제 1번 동영상은 RMS 에러가 높다는 것을 알 수 있다. 이것은 중첩된 부분이 크기 때문이다. 반면에, 그림 4-19의 (b)는 폐색이 안 됐을 때와 비슷하게 RMS 에러 값 을 유지했는데 추적 목표물 간의 중첩됐던 부분이 그리 크지 않았기 때문으 로 분석될 수 있다.

표 4-3. 테스트 이미지 시퀀스를 이용한 실험결과 평가

Error Rate(ε)	Error Rate of Feature Extraction		
	Data association is only applied.	Predictive Estimation without data association is applied	Predictive Estimation with data association is applied.
Example 1	42.8549	15.8805	0.7862
Example 2	14.2241	6.5621	0.4241

폐색 추론 기법을 통해 블러브 결정 결과는 작은 에러율을 가진다. 폐색이 활성화 되었을 때, 서로 중첩된 오브젝트는 예측기반의 추정방식을 이용해 서 분리가 되고 각각의 오브젝트의 중심점은 재계산된다. 계산된 중심점은 다시 JPDA 추적 알고리즘의 상태 관측식으로 입력이 되어 지속적으로 추 적 가능한 상태가 된다. 만약 이러한 폐색에 대한 고려가 전혀 않된다면 그 림 4-20과 같이 기존의 Kalman 필터를 사용했을 경우, 추적 실패를 하는 경우가 발생을 한다.

136

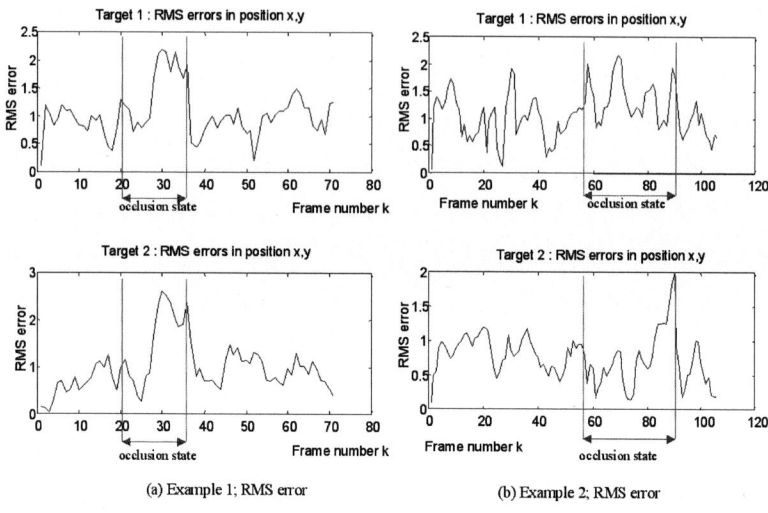

(a) Example 1; RMS error   (b) Example 2; RMS error

그림 4-19. 이미지 시퀀스의 RMS 에러 평가

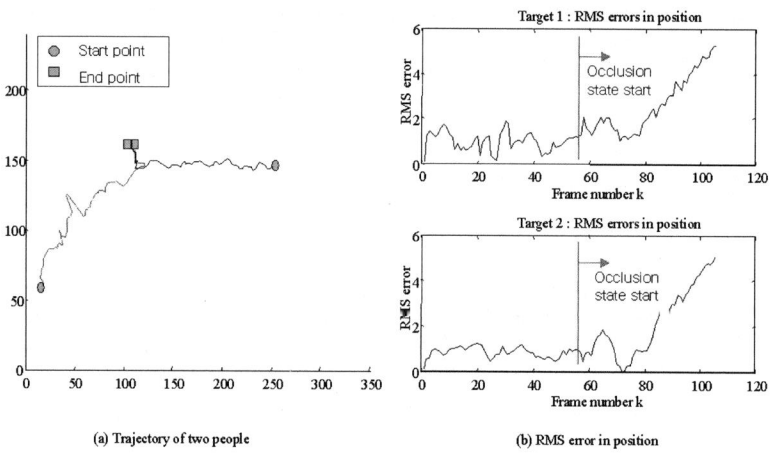

(a) Trajectory of two people   (b) RMS error in position

그림 4-20. 폐색이 고려가 않된 경우 추적실패: Kalman 필터 적용

4.4.2 실험 결과 및 토의

오브젝트는 집중적인 관점 안에서 의식적으로 확인될 수 있다. 집중 윈도우를 사용함으로써, 움직임 감지를 제공하는 특정영역 부분은 집중 조명되며, 분석작업이 수행된다. 이때, 이미지 시퀀스상에서 시간적 집중과 공간적 집중방식은 고려될 수 있다. 시간적 집중방식은 예측적인 움직임 모델 분석 방법을 제공할 수 있으며 공간적 집중방식은 세분화된 지역 특징 추출 및 분석방법을 제공하기 때문이다. 이러한 집중방식을 사용함으로써, 폐색 문제에 있어서의 다중 추적문제를 해결할 수 있었다. 제시된 시스템은 시공간 집중방식을 통해 다중 추적물의 시각 추적방식에서의 폐색 문제를 해결하기 위한 새로운 접근 방법을 제시한다. 시간적 집중방식에서는 폐색 활성 검지 기법과 공간 집중방식으로 SEA를 이용한 오브젝트 연관 방식을 제시했다. 그렇지만 처리 시간 및 메모리 한계는 임베디드 환경에서 많은 어려움을 가지기 때문에 최적화 문제와 알고리즘 고속화에 노력을 해야 한다.

5. 멀티모달 센서 융합 프레임워크

　이번 장은 3장, 4장에서 기술된 청각 및 시각 인지 기능으로부터 획득된 지식을 조합하기 위한 멀티모달 센서 융합 프레임워크로 사용자 및 응용프로그래머 관점에서의 멀티모달 사용자 인터페이스(MMUI: multi-modal user interface) 기술을 소개한다. 음성기반 사용자 인터페이스(VUI: voice user interface)는 음향 탐지 모듈과 함께 청각 사용자 인터페이스(AUI: auditory user interface)로 확장된다. 결과적으로, 시각 및 청각 사용자 인터페이스를 결합한 멀티모달 사용자 인터페이스는 청각 사용자 인터페이스와 시각 사용자 인터페이스(VsUI: visual user interface)의 융합기능을 수행된다. 이러한 설계 개념은 분산 센서 융합 네트워크상(distributed sensor network)에서 응용프로그램 독립적 사용자 인터페이스를 제공한다.

　사용자 인터페이스는 컴퓨터 응용프로그램을 효과적으로 만들어 내기 위한 중요한 핵심요소이다. 또한 제어 콘솔에서의 실시간 응용, 비상 사태 상황에 적용되는 응용프로그램의 경우 신속성, 편리성, 처리능력면에서의 중요성을 가진다[61], [62], [63], [64]. 지능형 사용자 인터페이스, 적응형 사용자 인터페이스, 사용자 인터페이스 관리 시스템(UIMS), 멀티미디어 사용자 인터페이스와 같은 개념은 사용자 인터페이스 디자인을 위한 중대한 관심을 불러일으키고 있다.

　분산 멀티 센서를 이용한 응용프로그램은 시스템을 복잡하게 만드는 경우가 종종 있다. 하지만 이러한 응용프로그램은 복잡성에 비해 분산 센서 네트워크로부터 획득된 가치 있는 유용한 정보를 무수히 제공한다는 장점이 있다. 이러한 이유로 인간과 컴퓨터 간의 인터페이스 연구에서 다중의 이종센서를 활용하는 것이다. 다중의 이종센서를 이용해 보다 낮은 사용자 인터페이스를 만들기 위한 요구사항을 살펴보면 다음과 같다. 1) 사용자 인터페이스의 분리는 구조적 레벨에서의 응용프로그램 기능성에 관여한다. 2) 다양한 작업 도메인으로의 고차원 적응성 및 설계된 구조에서의 사용자 요구사항. 3) 사용자 인터페이스 시스템의 최적화된 모달러티 투명도. 4) 기능적 핵심으로부터의 사용자 인터페이스를 위한 하드웨어/소프트웨어 플랫폼 독립성을 요구한다. 다음은 이와 같은 요구사항들을 반영한 멀티모달 사용자 인터페이스 기술에 대해 살펴본다.

5.1 사용자 인터페이스를 위한 분산 센서 융합 기법

5.1.1 사용자 인터페이스 모델

이번 절은 그림 5-1의 (a)에서처럼, 응용프로그램의 외관과 작동 간의 사용자 인터페이스 분리를 위한 Seeheim모델의 개념을 적용한다. 대화형 소프트웨어를 위한 구조적 모델은 사용자 인터페이스 소프트웨어로부터 응용 코드를 분리하는 것과 관련되며 사용자 인터페이스 기능성의 서로 다른 관점을 다루는 요소로 소프트웨어 구조화와도 관련된다.

Seeheim의 UIMS를 구성하는 세 가지 요소 모델에서 사용자 인터페이스 관리 시스템은 세 가지 요소, 즉 출력 컴포넌트, 대화형 컨트롤 컴포넌트, 응용프로그램 인터페이스로 나누어진다. 사용자 인터페이스로부터 응용프로그램을 분리하기 위한 장점은 다음과 같다. 1) 응용 프로그램의 기능적 측면에서 변화 및 확장 되었을 때 사용자 인터페이스 자체를 변화할 필요가 없다. 2) 단독 응용프로그램에게 다중의 사용자가 인지 가능한 인터페이스를 일관된 인터페이스 표준을 제공한다. 이것은 인터페이스 하드웨어, 대화방식을 가지지 않은 응용프로그램, 서로 다른 사용자 기술 레벨, 그리고 개인적 사용자 선호도 등의 다른 타입들을 다루기 위해 사용될 수 있다. 3) 서로 상이한 프로그래밍 언어는 응용프로그램 및 사용자 인터페이스 구현을 위해 사용될 수 있다. 4) Top-Down 방식으로 설계될 수 없는 대규모 응용프로그램의 추가적 개발을 지원할 수 있다. 이러한 관점으로부터 UIMS는 그림 5-1의 (b)에서처럼, 분산 센서 융합 네트워크상에서 확장될 수 있다. 사용자 인터페이스 분리를 다루기 위해 지능형 감시 경계 로봇에 적용된 UIMS 모델은 응용프로그램 인터페이스 모듈로서 통신 프로토콜을 사용한다. 반면, Seeheim 모델은 링킹 방법을 사용한다. 제시된 통신 프로토콜은 프로세스 간 통신 방식, 네트워크 프로토콜, 파일 입출력을 이용하여 구현될 수 있다.

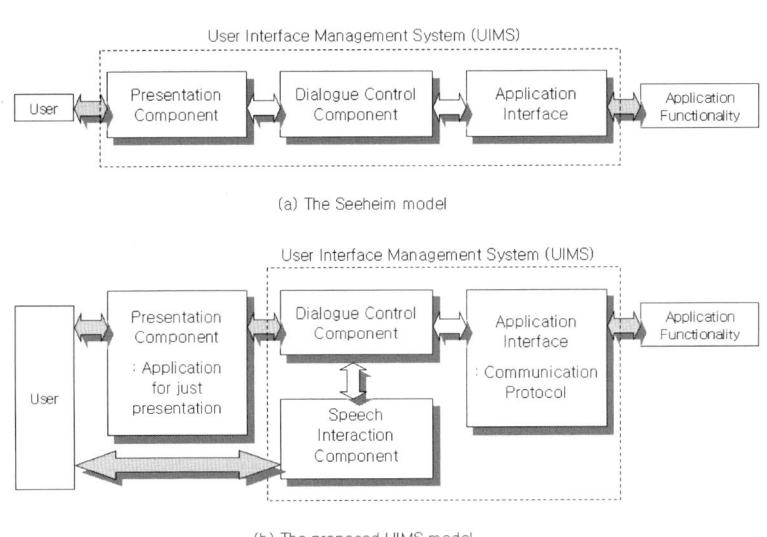

(a) The Seeheim model

(b) The proposed UIMS model

그림 5-1. 사용자 인터페이스 관리 시스템 모델(UIMS)

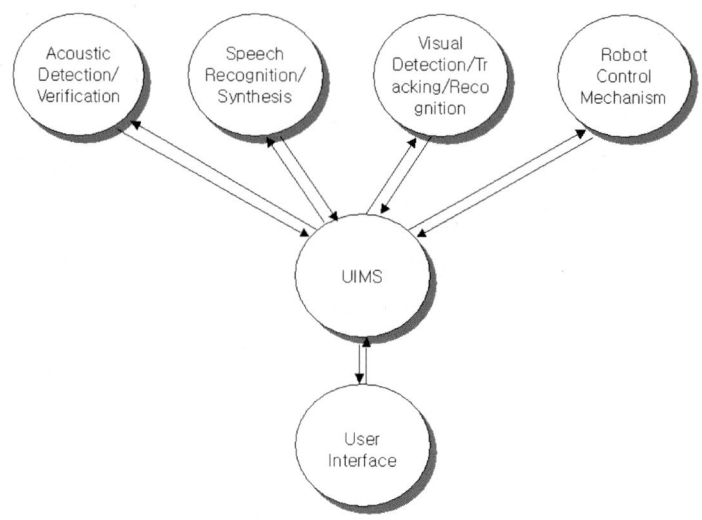

그림 5-2. 응용 프로그램 독립 사용자 인터페이스를
위한 분산 센서 융합 기법

　본 장에서 제시 된, 다중의 센서들은 그들 고유의 특성을 가지고 있으며,
각기 다른 하드웨어 시스템상에서 독립적으로 운영된다. 그렇지만, 각각의
센서로부터 획득된 정보는 서로간의 불충분한 자료를 보완하기 위한 목적으
로 상호 교환한다. 따라서, 각각의 센서들은 그림 5-2와 같이 분산 센서 네
트워크를 구성하게 되며 접근제어를 위한 멀티모달 사용자 인터페이스를 제
공한다. 멀티모달 사용자 인터페이스는 사용자가 요구하는 데이터 엔트리
(entry)에서 하나 이상의 모드를 활용하도록 만든다. 제시된 방식은 사용자
인터페이스로부터 응용프로그램의 분리를 지원하기 위한 것으로 분산 환경
에 보다 적합하다. 또한 이종 분산 환경을 지원하고 소프트웨어 모듈의 재사
용을 위한 구조적 융통성을 지원한다. 본 장에서는 멀티모달 사용자 인터페
이스를 구성하는 청각 및 시각 인지 부분을 다룬다. 그렇지만, 제시된 프레
임워크는 분산 센서 융합 네트워크에서 다양한 기능을 지원하기 위해 확장
가능한 구조를 제시한다.

5.1.2 분산센서 간의 통신 인터페이스

분산 센서 네트워크에서 각각의 센서는 독립적으로 센서 고유의 함수를 수행한다. 그렇지만, 획득된 정보는 신뢰성 있는 정보를 추출하기 위해 정보 공유를 원칙으로 동작해야 한다. 효율적인 정보 공유를 위해 각각의 센서는 센서들 간에 획득된 정보를 물리적으로 연결 된 장치나 소프트웨어 기반으로 이를 송수신한다. 하드웨어에 의존적이지 않는 방식을 위해 통신 인터페이스 설계는 병렬처리 및 투명한 메시지 교환을 위해 고안되었다. 본 장에서 제시된 멀티모달 사용자 인터페이스 방식은 UIMS를 이용한 청각 및 시각 사용자 인터페이스를 유지, 관리하는 개념을 적용한다. 제시된 MMUI 구조는 시스템 독립성 및 융통성 지원을 위해 그림 5-3에서처럼 청각 사용자 인터페이스(AUI)와 시각 사용자 인터페이스(VsUI)로 구성된다. AUI는 음향 탐지, 음성기반 암호 인증, 음성인식, 음성합성 기능들을 관리한다. VsUI는 움직임을 가지는 오브젝트의 검지, 추적, 인식을 관리한다. 이러한 두 부문의 인터페이스를 통합하는 MMUI 구조는 최종 목표인 탐지 및 피아 식별을 위한 최종 결정(final decision-making)을 수행한다.

감시 업무를 수행하기 위해 청각 사용자 인터페이스는 이상음향을 탐지하고 대화형 모듈을 이용해 사람과 대화하기 위한 최적의 수단이다. 게다가, 청각 사용자 인터페이스는 각각의 응용프로그램 모듈 내에 라이브러리 형태로 존재하기보다는 통신 프로토콜을 사용하여 데이터 통신을 수행함으로써, 시스템의 복잡성을 없애고 음향 탐지 기술이나 대화수단을 활용하기 쉽게 만드는 투명성을 제공한다. 반면, 시각 사용자 인터페이스는 2차원의 정보를 가공하여 복잡한 환경에서의 검지, 추적, 인식을 수행하기 위한 최적의 수단이다. 시각 사용자 인터페이스는 청각 사용자 인터페이스와 함께 센서 고유의 단점을 보완하기 위한 정보를 상호 교환하며 최종 결정을 위한 신뢰적인 정보 제공을 수행한다. 음성 기반의 인터페이스는 대화형 모듈로 상호간의 작용을 위한 중용한 역할을 하는 반면, 정확한 오브젝트 검지는 사실상 어렵다. 이러한 경우 시각 사용자 인터페이스는 인간처럼 시각 인지 기능을 사용하여 방향이 탐지된 위치로 카메라를 위치시키고 해당 오브젝트를 인식하게 하는 방식을 제공한다.

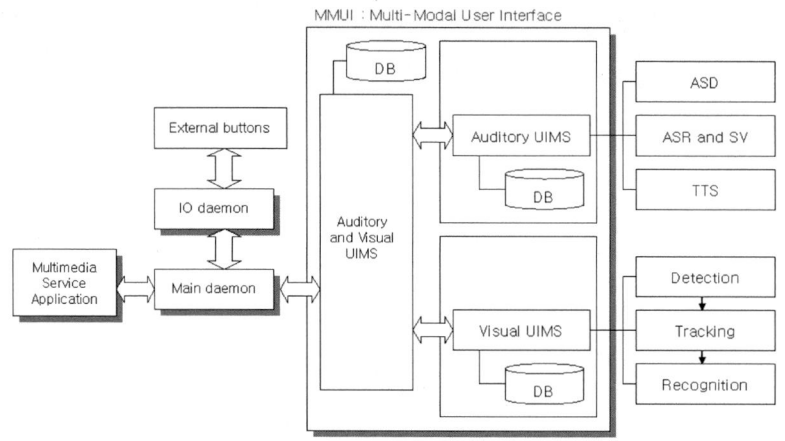

그림 5-3. 청각 및 시각 기능 제공을 위한 멀티모달 사용자 인터페이스(MMUI) 구조도

5.2 응용프로그램 독립적 센서 융합 모델

5.2.1 멀티모달 사용자 인터페이스 모델

응용프로그램 단독, 센서 융합 모델을 위해 멀티모달 사용자 인터페이스(이하 MMUI)를 설계한다. MMUI 인터페이스는 청각 및 시각 인지기능을 개발하기 위해 AUI와 VsUI를 통합한다. 그림 5-3과 같이, 전체 시스템 구조는 응용프로그램간의 연동을 위해 MMUI, 메인 데몬, IO 데몬 프로세스 (daemon process)으로 구성된다. MMUI는 융합 에이전트로서 시각 및 청각 인터페이스로부터 수신되는 메시지를 융합하는 기능을 가지며 이에 대한 응답을 전달한다. 통신 프로토콜에 의한 데이터 통신 방법으로 MMUI는 멀티 센서 융합 프레임워크를 제공한다. 청각 및 시각 인터페이스는 이종의 멀티 센서를 사용하고 있다. 각각 처리된 데이터는 동종센서 간에 융합된 결과를 전송하게 되면 이종 간의 센서 정보를 이용해 하나의 단일화된 정보를 만들기 위한 프레임워크를 요구한다. 메인 데몬은 사용자에게 표현되는 화면 정보를 관리하기 위한 역할을 제공한다. 또한 현재 수행되고 있는 응용프로그램, MMUI, IO 데몬에게 적절한 메시지를 전달, 관리함으로써, 각각의 프로세스 간에 명령 처리를 지시하는 역할을 제공한다. IO 데몬은 입출력 디바이스의 자원을 다루고 하드웨어 메커니즘을 조정하기 위한 명령 및 처리를 수행한다. 이러한 모든 데몬 프로세스는 프로세스 간 통신 방식을 사용하며 적절한 행위를 위한 요청 및 응답을 수행한다. 현재 가공 처리된 상황 분석을 제공하기 위해 MMUI 인터페이스는 획득된 지식을 통합하고 통신 인터페이스를 사용하여 최종적으로 결정된 사항을 중앙의 콘솔로 전달하며 AUI 및 VsUI에게도 전달하여 다음의 작업을 준비 및 실행하게 한다.

AUI는 그림 5-4처럼 음향 탐지 부문, 대화형 부문으로 구성된다. 음향 탐지 부분은 잡음제거, 음성의 음질향상, 이상음향의 방향 탐지 및 식별 기능을 수행한다. 반면, 대화형 부문은 음성기반 암호 인증, 음성인식, 음성합성 기능을 수행한다. 대화형 부문은 즉각적인 요구에 대응하기 위해 항상 준비 상태에 있는 반면, 음향 탐지 부문은 항상, 이상음향이 발생하는지에 대해 모니터링 작업을 지속적으로 수행한다.

통신 프로토콜로는 IPC(inter-process communication) 기반의 프로토콜을 이용한다. AUI는 메인 데몬으로부터 요청 메시지를 수신하며, 각각의 요청 메세지는 협상(negotiation)을 통해 처리 결정된다. 요구되는 명령이 있다면 협상된 통신 프로토콜을 이용하여 메인 데몬에게 요청된 작업 수행 과정이나 처리된 결과를 다시 전송한다. 그러면 메인 데몬은 이를 수신한 뒤, 해당 응용프로그램에게 처리된 결과를 전송하게 된다. 이때, AUI 프로세스는 주어진 우선순위 단계에 따라 높은 우선 순위(priority level)를 가지는 메시지 요청을 먼저 처리하게 된다. 따라서, 요청된 메시지가 처리되는 동안 우선순위가 높인 메시지가 도착한다면 처리 중이던 일을 잠시 중단하거나 완전히 정지시킨 후, 우선 순위가 높은 요청을 처리한다.

반면, 음성 대화를 위해 음성인식, 분산 음성인식, 범용 음성합성기의 연속적인 수행이 요구되는 경우에는 가장 최근에 요청된 메시지를 먼저 처리한다. 즉, 우선순위가 같다면 가장 최근에 요구된 요청이 우선순위가 높다고 판단한다. 특수 목적의 음성합성기는 다른 프로세스 요청 처리보다 가장 높은 우선순위를 가진다. 비상사태나 특정의 목적을 가지고 있기 때문에 가장 우선시된다. 음성인식, 분산음성인식 기능의 우선순위는 같다. 범용 목적의 음성합성기는 일반적인 텍스트의 출력을 통해 사용자가 시스템을 사용하는데 편리한 수단을 제공하기 위한 목적이기 때문에 우선순위는 가장 낮게 설정된다. 이러한 우선순위 단계를 사용하여 각각의 수행되던 프로세스들은 정지, 일시 정지, 재시작과 같은 명령 처리 흐름을 가질 수 있다. 따라서, AUI는 각각의 내부 프로세스들 간의 명령처리 흐름을 스케쥴링 하기 위한 기능을 수행하며, 프로세스 간의 동기화도 유지시키도록 명령을 내린다. 이러한 프로세스 간의 동기화를 위해 임계 구역(critical section) 설정 및 세마포어(semaphore)를 사용한다.

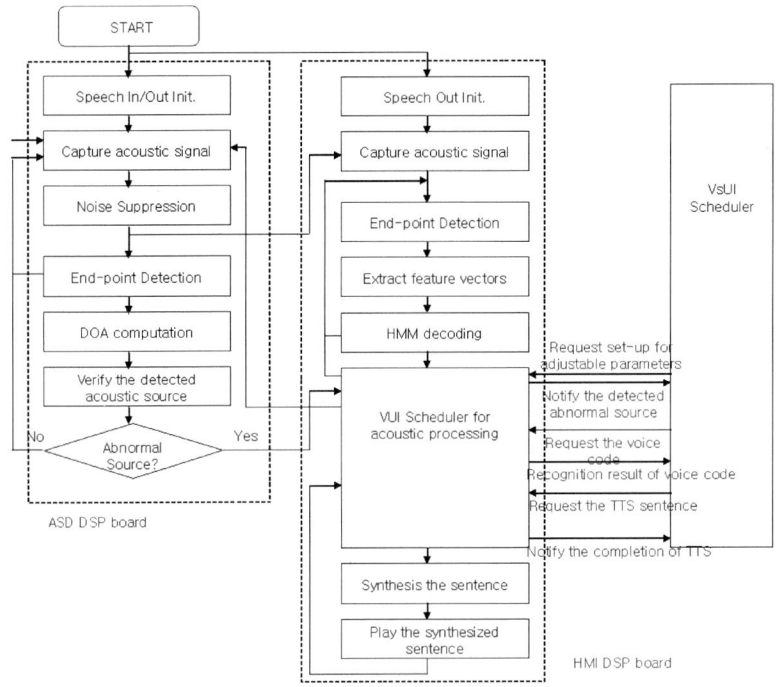

그림 5-4. AUI 시스템 블록 다이어그램

VsUI 구조도 AUI의 구조와 유사하게 동작한다. 그림 5-5는 VsUI 블록 다이어그램을 기술한다. 데몬 프로세스로서 VsUI 또한 통신 프로토콜을 사용한다. 일반적인 메시지 흐름은 VsUI, MMUI, 메인데몬 순으로 전달된다. VsUI는 항상 움직이는 오브젝트를 검지하고 이를 추적, 인식하기 위한 작업을 수행하기 위해 지속적으로 동작한다.

148

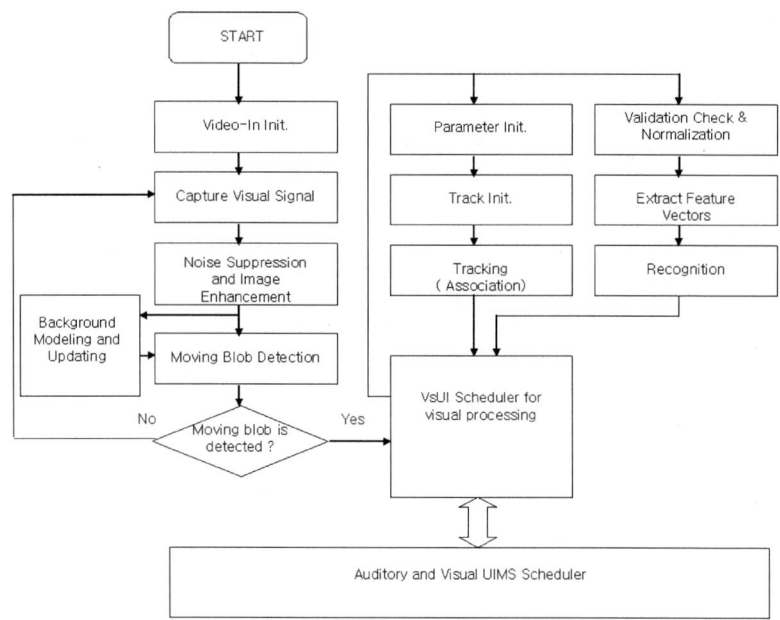

그림 5-5. VsUI 시스템 블록 다이어그램

5.2.2 음향 탐지를 위한 통신 프로토콜 디자인

음향 탐지 부문의 목적은 잡음 환경에서 발생된 이상음향을 탐지하는 것이다. 신뢰적인 탐지 능력을 위해 잡음 제거 알고리즘을 적용하여 잘못된 탐지를 줄이고 이상음향과 자연환경에서 발생할 수 있는 부분을 분리한다. 6개의 선형 마이크로폰 어레이를 사용해서 획득된 신호가 검지되면, 탐지된 음향이 시스템에서 설정된 이상음향인지를 식별하기 위한 기능을 수행한다. 이상음향이 탐지되었을 때, ASD는 메인 데몬에게 이 사실을 통보한다. 그리고 적절한 행위를 수행한다.

다음은 이상음향 탐지 및 사실을 전달하기 위해 AUI, MMUI, 데몬 프로세스 간에 데이터 전달을 위한 통신 프로토콜을 설계한다. 표 5-1에서와 같이 데이터 포맷을 설정한다. 데이터 필드 "Application Code"는 자신의 식별자를 나타낸다. 데이터 포맷, "Message Type"은 요청 메시지인지 응답 메시지인지를 나타낸다. 데이터 필드, "Priority level"은 메시지의 우선 순위를 나타낸다. 데이터 포맷, "Data Type", "Data Length", "Data"는 메시지 타입에 따라 생략될 수 있는 부분이다. 이러한 데이터 필드는 주어진 메시지 타입에 따라 해당 데이터와 함께 설정된다.

ASD명령을 위한 메시지 타입은 표 5-2와 같이 정의될 수 있다. 메시지 타입, "ASD_START", "ASD_STOP"은 메인 데몬에게 ASD 프로세스에게 탐지 시작 및 정지를 명령하기 위한 것이다. 메시지 타입, "ASD_DETECT"는 이상 음향 신호가 발견이 되었을 때, 메인 데몬에게 전달되는 명령이다. 이상 음향 신호의 타입 및 방향 정보가 메인 데몬에게 데이터 부분에 실려 전송 된다. 데이터 타입, "ASD_SETPARA"는 파라미터 설정을 위해 AUI로부터 요청될 수 있는 명령 타입이다. 에너지 검지 레벨과 같은 알고리즘 내에서 고정적으로 사용될 수 있는 파라미터들을 위해 사용된다. 메시지 타입, "ASD_ERROR"는 에러가 발생을 했을 때 전송되는 메시지이다. 메시지 타입, "ASD_TEST"는 시스템의 자가진단을 위해 사용되는 명령어 타입으로 서 시스템이 정상적으로 수행될 수 있는지를 판단하는 명령이다. 일반적으로 관리자가 시스템을 테스트하기 위해 사용된다.

표 5-1. 음향 탐지를 위한 데이터 포멧

Fields	Bits	Type	Description
Application Code	8	__int8	Application code number, N=1, ···, L
Message Type	8	__int8	Request/Response message type for the ASD
Reserved	8	__int8	Not used.
Priority Level	8	__int8	Message priority level for resource negotiation
Data Type	8	__int8	Data type to be sent.
Data Length	8	__int8	Data length to be sent.
Data	Variable	String	Data body to be sent.

표 5-2. 음향 탐지를 위한 메시지 타입

	Message Type	ID	Description
ASD	ASD_START	10	The AUI starts to detect an abnormal acoustic source.
	ASD_STOP	11	The AUI stops detecting.
	ASD_DETECT	12	It sends the DOA and detected type to AUI daemon.
	ASD_SETPARA	13	The AUI sends the adjustable parameter to the ASD.
	ASD_ERROR	14	The ASD and AUI send the error.
	ASD_TEST	15	The AUI requests whether the ASD can be performed properly, and the ASD returns the success or fail.

5.2.3 대화형 모듈을 위한 통신 프로토콜 디자인

대화형 부문의 목적은 음성인식 기능 및 음성합성 기능을 사용하여 인간과의 대화를 이끌어내기 위한 수단이다. 만약 이상음향이 탐지가 되면 검지된 이상음향이 사람으로 기인된 것인지를 영상센서를 통해 확인한다. 그러면 지능형 감시 로봇은 그의 신원을 확인하기 위해 멈추어 줄 것을 요구할 수 있다. 그리고 암호를 물어 그 사람이 해당 구역을 통과할 수 있는지를 시험할 수 있다. 이러한 작업을 위해 대화형 부문은 사용자의 안내 및 확인을 위한 중요한 역할을 수행한다.

데이터 포멧은 표 5-3과 같이 정의되었다. 데이터 포멧, "Scenario code"는 임베디드형 음성인식 및 분산음성인식 기능을 위해 인식 가능한 목록의 인덱스를 나타낸다. 다른 부분의 데이터 포멧은 표 5-2에서와 같다. 대화형 부분의 음성인식 및 음성합성을 위한 메시지 타입은 표 5-4에서 정의되었다. 또한 음성 입출력을 위한 메시지 타입도 같이 정의가 되었다. 음성인식 및 음성합성 명령의 경우, 음성 입출력 디바이스는 사운드 입력과 출력이 사용되고 있는 동안은 사용될 수 없는 자원이다. 따라서 이러한 작업이 진행되고 있는지를 확인하고 처리하기 위해 AUI는 요청 메세지, "SND_USE_START"를 메인 데몬에게 전달해서 자원을 수행하겠다고 통보를 한다. 그리고 난 뒤, "SND_USE_END"메시지를 수신 받은 뒤 수행되던 음성인식이나 합성이 있으면 이를 중단하고 처리한다.

152

표 5-3. 대화형 모듈을 위한 데이터 포멧

Fields	Bits	Type	Remarks
Application Code	8	__int8	Application code number, N=1,···,L
Message Type	8	__int8	Request/Response message type for ASR, DSR, TTS, IO
Scenario Code	8	__int8	This indicates the index number of service main screen, and recognition list for ASR.
Priority Level	8	__int8	Message priority level for resource negotiation
Data Type	8	__int8	Data type to be sent.
Data Length	8	__int8	Data length to be sent.
Data	Variable	String	Data body to be sent

표 5-4. 대화형 모듈을 위한 메시지 타입

	Message Type	ID	Comment
ASR	ASR_START	20	The AUI starts to recognize utterance word in fixed recognition lists.
	ASR_STOP	21	The AUI stops recognizing.
	ASR_RENEW	22	It sends the dynamic recognition list to AUI daemon, and then recognizes an utterance word in requested recognition lists.
	ASR_RESULT	23	The AUI sends the ASR result to Main daemon.
	ASR_ERROR	24	The AUI sends the ASR error such as out-of-vocabulary rejection, time-out to Main daemon.

	Message Type	ID	Comment
DSR	DSR_START	25	The AUI starts to extract feature vectors, and then transmit them to the distributed speech recognition server via wireless communication.
	DSR_STOP	26	The AUI stops extracting feature vectors and sending them.
	DSR_RESULT	27	The AUI sends the DSR result to Main daemon.
	DSR_ERROR	28	The AUI sends the DSR error such as out-of-vocabulary rejection, time-out to Main daemon.
TTS	TTS_START	29	The AUI starts to play the requested sentences.
	TTS_STOP	30	The AUI stop playing the requested sentences.
	TTS_PAUSE	31	The AUI pauses playing the requested sentences.
	TTS_RESUME	32	The AUI resumes playing the requested sentences.
Spee-ch IO	SND_USE_START	33	The AUI notify the sound use to Main daemon.
	SND_USE_END	34	The AUI notify the sound end to Main daemon.

정의된 데이터 포맷을 사용하여 음성 대화식 방식을 위한 일반적인 데이터 전송 흐름도는 그림 5-6과 같다. 데이터 전송은 요청 메시지 및 응답 메세지를 각각의 프로세스들에 의해 중계(relay)하여 전송 함으로서 수행되며 MMUI, 메인 데몬, 응용프로그램 간의 규칙 기반 시나리오 하에서 음성 입출력 자원의 사용을 협상하기 위한 메시지를 처리한다. 이때, 협상의 목적을

154

가진 메시지의 우선 순위는 음성의 입력 및 출력 채널을 제한하기 위한 방법으로 사용된다. 왜냐하면, 요청 메시지는 동시적으로 외부 버튼 클릭이나 내부의 응용프로그램들에 의해 요청될 수 있기 때문이다. 즉, 멀티모달 인터페이스에 의해 설계가 되었기 때문이고 서비스 자체가 비동기화식 방식으로 지원되기 때문이다. 예를 들어, 음성합성 기능은 음악 재생기가 동작하고 있는 동안 교통정보를 안내하기 위해 출력을 하고 있는 상황을 고려해 볼 수 있다. 이때 사용자는 전화를 걸기 위해 뮤트(mute) 버튼을 클릭할 경우, 위와 같은 문제가 발생할 수 있다. 다른 예로, 사용자가 음성합성기가 요구된 텍스트 문장을 다 읽기 전에 사용자가 터치 스크린상의 음성합성 버튼을 계속해서 클릭하는 경우이다. 이러한 경우를 대비하기 위해 요청 메세지 타입, "priority control"는 자원 사용 요청을 알리기 위해 초기화 작업 시에는 항상 메인 데몬에게 보내진다. 메인 데몬은 음성 입출력 자원의 현재 상태에 따라 사용 여부를 결정한다.

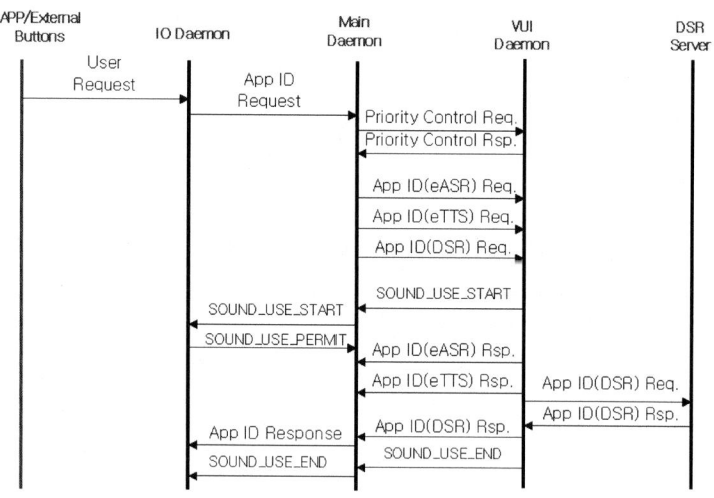

그림 5-6. 대화형 모듈을 위한 데이터 전송 흐름도

5.2.4 시각 사용자 인터페이스를 위한 통신 프로토콜 디자인

시각 사용자 인터페이스(VsUI: visual user interface)의 목적은 외부 실세계의 잡음 환경상에서 움직이는 오브젝트를 검지, 추적, 인식하기 위한 작업을 수행하는 것이다. VsUI는 적응적 배경 모델과 현재 획득된 이미지 간의 시간 차를 이용하고 후처리 기술을 통해 움직이는 오브젝트를 검지하는 방식을 사용한다. 만약 움직임을 가지는 오브젝트가 발견되면 해당 오브젝트의 인식 및 추적 기능은 수행된다. 추적을 위해 실제 목표물과 발견된 오브젝트 블러브를 연관시키는 작업을 수행한다. 움직임을 가지는 오브젝트의 검지, 인식, 추적 기능을 사용하여 획득된 정보는 메인 데몬에게 통보된다.

VsUI, MMUI, 메인 데몬 프로세스들 간의 데이터 교환을 위해 통신 프로토콜은 정의되었다. 데이터 포맷은 표 5-5와 같이 정의된다. 데이터 포맷, "Camera Code"는 각 센서의 인덱스를 나타내며 고유 식별자 역할을 한다. 데이터 포맷, "Warning level"은 즉각적 행위가 요구되는지 아닌지에 관한 집중 레벨을 지적한다.

표 5-5. 시각 사용자 인터페이스를 위한 데이터 포맷

Data Filed	Bits	Type	Remarks
Camera Code	8	__int8	Camera number, N=1,···,L
Message Type	8	__int8	Request/Response message type for the VsUI.
Reserved	8	__int8	Not used.
Warning Level	8	__int8	Indicate the warning level of a situation.
Data Type	8	__int8	Data type to be sent.
Data Length	8	__int8	Data length to be sent.
Data	Variable	String	Data body to be sent.

156

VsUI 명령을 위한 메시지 타입은 표 5-6과 같이 정의된다. 시각적 분석을 위해 메시지 타입, "TARGET_DEETECT", "TARGET_TRACKING", "TARGET_RECOGNI TION"의 목적은 메인 데몬에게 검지, 추적, 인식 결과와 함께 획득된 정보를 통보하기 위해 사용된다. 카메라 조정을 위해 메시지 타입, "CAMERA_MOVE", "CAMERA_ZOOMIN", "CAMERA_ZOONOUT"는 능동적 비젼 컨트롤을 수행하기 위해 사용된다. 이러한 메시지들은 VsUI 데몬으로부터 메인 데몬에게 송신되고 메인데몬은 다시 이를 카메라 조정기에 전송한다. 비디오 이미지 시퀀스 조정은 시각 정보를 저장하기 위해 사용된다. 메시지 타입 "VIDEO_USE_START", "VIDEO_USE_END"는 비디오 이미지 시퀀스 조정의 시작과 끝을 알리기 위해 사용된다. 데이터 포멧 "VIDEO_RECORD"는 동영상 이미지 시퀀스를 저장하기 위해 사용된다.

표 5-6. 시각 사용자 인터페이스를 위한 메시지 타입

	Message Type	ID	Comment
Visual Analysis	TARGET_DE TECTION	40	The VsUI detect moving blobs, and then return their center positions of the detected moving blobs.
	TARGET_TR ACKING	41	The VsUI pursues detected moving blobs, and then return their center positions of the tracked moving blobs.
	TARGET_RE COGNITION	42	The VsUI recognizes the detected moving blobs.

	Message Type	ID	Comment
Camera Control	CAMERA_MOVE	43	The VsUI requests a camera to move to the required direction (Left, Right, Up, and Down) per angle.
	CAMERA_ZOOMIN	44	The VsUI request a camera to enlarge a view.
	CAMERA_ZOOMOUT	45	The VsUI request a camera to reduce a view.
Video Image Sequence Control	VIDEO_USE_START	46	The VsUI notify the video use to Main Daemon
	VIDEO_USE_END	47	The VsUI notify the video end to Main Daemon
	VIDEO_CAPTUREIMAGE	48	The VsUI captures a still image.
	VIDEO_RECORD	49	The VsUI records a motion picture image sequences.

5.3. 멀티모달 융합 프레임워크

5.3.1 센서 기반 융합 규칙

능동적 검지 및 대화기반 상호작용을 위한 작업을 시작하기 위해 센서 융합 모델은 식 (5-1)과 같이 정의될 수 있다.

$$Y_i = f(O/K, Y_{i-1}) \qquad (5-1)$$

여기서 변수 i는 처리 결과에 대한 인덱스를 나타내고 변수, O는 관측 가능한 센서 입력을 나타낸다. 또한 변수, K는 도메인 지식을 나타내며 변수 Y_{i-1}는 이전 시간부터 처리된 상태 정보를 나타낸다. 함수 $f()$는 센서 입력을 조합하기 위한 함수를 나타내며 이전의 상황이 주어졌을 때, 현재의 입력을 처리하기 위한 함수를 나타낸다. 그러면, 본 응용에서 제시된 시스템을 위한 관측 가능한 센서 입력, O는 식 (5-2)와 같이 나타낼 수 있다.

$$O = h\left(g_1(Mute), g_2(HF), g_3(R), g_4(Ptt), \prod_{i=0}^{k} g_5(E_i) \right) \quad (5-2)$$

여기서 변수 M은 뮤트 입력을 나타낸다. 변수, HF는 핸즈프리 입력을 나타낸다. 변수 R은 리모트 컨트롤러의 입력을 나타낸다. 변수 Ptt는 음성인식 시작을 알리기 위한 입력을 나타낸다. 변수 E는 서비스 응용으로부터 발생된 이벤트를 나타낸다. 변수 k는 동시적으로 수행될 수 있는 응용 프로그램의 개수를 나타낸다. 각각의 입력은 서로간에 독립적이며 병렬적으로 처리된다. 함수, $g()$는 센서 입력을 관측하고 검지하기 위한 함수를 나타내며 함수 $h()$는 각각의 입력을 조합하여 처리한 선택 함수를 나타낸다. 여기서 함수 g_1 과 g_4 간의 센서 입력이 센서로부터 직접적으로 입력된 값인 반면, 함수, g_5는 내부 간의 프로세스 통신에 의해 응용프로그램으로부터 전송된 입력을 나타낸다.

센서 입력은 동시적으로 발생할 수 있다. 그렇지만, 즉가져으로 수행디어야 할 동작은 주어진 상황에서 가장 적절한 하나의 작업뿐이다. 왜냐하면, 하드웨어 리소스가 제한되어 있는 상황하에서 시스템은 서비스 안정성과 효율성, 일관성을 제공해야 하기 때문이다. 따라서 융합 함수, $f()$는 서비스 질 (quality) 및 유용성 측면에서 고려가 되야 한다. 이러한 점에 대응하기 위한 융합함수로 규칙 기반의 결정 함수를 사용할 수 있다. 식 (5-1)에서 변수, K는 표 5-9에서와 같이 조합된 규칙들을 제공하기 위한 도메인 특정 지식을 나타낸다. 주어진 규칙은 서비스 능력, 우선순위, 리소스 제한 등과 같은 점들을 고려하여 결정된 것이다.

5.3.2 인터페이스 모달러티로부터의 데이터 융합 규칙

센서 융합 결과가 주어졌을 때, 수행되어야 할 행동은 결정된다. 그러면, 다음으로는 음성기반 대화식 상호작용을 위한 데이터 융합모델을 식 (5-3)과 (5-4)와 같이 정의해 볼 수 있다.

$$Z(t) = H_i(O_i) \cdot I(P) \cdot J(Y), \quad i = 1,...,3 \quad t = 0,...,T-1 \quad (5-3)$$

$$H_i(O_i) = h_i(O_i / M_i), \quad i = 1,...,3 \quad (5-4)$$

여기서 변수 i는 음성 대화 모듈의 수를 나타낸다. 함수 $H_i(O_i)$는 음성 대화 모듈을 나타내는 것으로 각각 임베디드 음성인식기, 분산 음성인식기, 음성합성기를 나타낸다. 여기서 변수, O_1와 O_2는 샘플링된 음성 데이터이고 변수 O_3는 텍스트 데이터를 나타낸다. 따라서 함수, $H_i(O_i)$는 다음 식 (5-5)와 같이 재구성될 수 있다.

$$H_1(O_1) = h_1(O_1 / M_1)$$
$$\cong W_k = \arg\max_j L(O/W_j) \quad (5-5)$$

여기서 함수 $h_1(O_1)$는 가장 최적의 단어를 찾기 위한 최대 사후 확률 결정 규칙을 이용한 패턴 인식 함수를 나타낸다.

$$H_2(O_2) = h_2(O_2 / M_2) = h_2(O_2) \quad (5-6)$$

여기서 함수 $h_2(O_2)$는 뒷단의 분산 음성인식 서버로 전달을 하기 위한 전처리 부분의 특징추출 함수를 나타낸다.

$$H_3(O_3) = h_3(O_3 / M_3) \tag{5-7}$$

여기서 함수 $h_3(O_3)$는 문장을 읽기 위한 음성합성 함수를 나타낸다. 식 (5-3)에서의 함수 $J(Y)$는 음성기반 대화식 상호작용 툴을 선택하기 위한 선택함수 역할을 한다. 현재 선택된 음성 모듈은 실행 가능한 상태로 된다. 함수 $I(P)$는 음성기반 대화식 상호작용의 결과에 따른 서비스 시나리오를 안내하기 위한 함수이다. 변수, M_i는 주어진 도메인 특정 지식을 나타낸다. 변수 M_1는 단어를 인식하기 위한 음향모델을 나타낸다. 변수, M_2는 사용되지 않고 변수 M_3는 합성 데이터베이스를 나타낸다. 변수, P는 도움 함수로서 사용자 친화적 서비스를 제공하기 위한 절차적 지식을 나타낸다. 결과적으로 함수, $Z(t)$는 순차적으로 수행되어야 할 행위 흐름도를 나타낸다. 최종 결정함수, $Z(t)$는 일정 기간 동안 결정이 저장 관리될 때, 처리되어야 하는 사용자의 히스토리 정보를 제공한다. 이것은 사용자가 빈번히 특정한 서비스 함수를 활용하는 통계적 정보를 제공하는 역할을 한다.

5.3.3 청각 및 시각 인지기능을 위한 멀티 센서 융합 기법

AUI 및 VsUI로부터 획득된 지식을 조합한 결과를 제공하기 위한 방법으로 통신 프로토콜은 설계되었다. 우선 표 5-7과 같이 데이터 포멧은 정의되었다. 데이터 포멧, "Code"는 자신의 식별자를 나타낸다. 제시된 시스템에서 코드 식별자는 ASD=1, VsUI=2, ASR=3, DSR=4, TTS=5, SpeechIO=6으로 정의된다. 따라서 주어진 코드 필드에 따라 데이터 필드, "Message Type", "Reserved", "Level"은 다르게 설정된다. 데이터 필드, "Message Type"은 표 5-2, 5-4, 5-6과 같이 요청 및 응답을 위한 데이터 포멧을 나타낸다. 데이터 필드, "Level"은 주의 집중 또는 즉각적인 행위가 요구되는지 아닌지에 대한 경고 레벨을 나타낸다. 최종적인 결정은 정상적 상황, 의심스러운 상황, 비정상 상황의 세 가지로 구분된다. 이러한 결정 레벨을 이용하여 경고 상태는 표 5-8과 같이 전달된다. 경고 레벨의 값은 0부터3의 값을 가질 수 있다. 만약 레벨이 3이라면 제시된 시스템은 관리자에게 현재의 상태를 알리며 음성합성기를 이용하여 경고 메시지를 탐지된 오브젝트에게 알린다. 이때 검지된 오브젝트가 사람이라면 신원이 검증된 사람인지를 확인하기 위해 음성기반 암호 인증 기술은 적용될 수 있다. 따라서 검지된 사람과의 대화를 위한 수단으로 음성인식 및 음성합성 기술이 적용된다. 만약 레벨 1 또는 2라면 제시된 시스템은 단지 현재의 상황을 관리자에게 경고음이나 합성 음을 사용하여 알린다. 데이터 필드, "Data Type", "Data Length", "Data"는 메시지 타입에 따라 추가 되거나 생략될 수 있다. 이러한 데이터는 주어진 메시지 타입에 따라 적절한 값이 설정된다. 마지막으로 각각의 센서로부터 입력된 정보를 융합하기 위해 조합된 규칙은 표 5-9와 같이 정의될 수 있다. MMUI 인터페이스는 주어진 조합 규칙에 따라 요청된 자원과 행위를 협상한다.

표 5-7. 청각 및 시각 사용자 인터페이스를 위한 데이터 포멧

Data Filed	Bits	Type	Remarks
Code	8	__int8	Camera number, N=1,⋯,L
Message Type	8	__int8	Request/Response message type.
Reserved	8	__int8	Not used.
Level	8	__int8	Indicate the warning level of a situation.
Data Type	8	__int8	Data type to be sent.
Data Length	8	__int8	Data length to be sent.
Data	Variable	String	Data body to be sent.

162

표 5-8. 의미론적 규칙 기반 멀티 센서 데이터 융합을 이용한 최종 결정

		Visual Detector		
		Normal	Suspicious	Abnormal
Acoustic Detector	Normal	Level 0	Level 2	Level 3
	Suspicious	Level 1	Level 2	Level 3
	Abnormal	Level 1	Level 3	Level 3

표 5-9. 의미론적 규칙 기반의 융합 방식

t-1 \ t	ASR is requested	TTS1 is requested	TTS2 is requested	Hands-Free enabled	Mute enabled	ASD	VsUI
Hands-Free enabled	Disabled	Disabled	Enabled	Not applicable	Not applicable	Don't care	Don't care
Mute enabled	Enabled	Disabled	Enabled	Not applicable	Not applicable	Don't care	Don't care
ASR running	Previous ASR exits and new ASR runs	Previous ASR exits and TTS1 starts	ASR runs continuously and TTS2 starts	ASR EXITS	ASR exits	Don't care	Don't care
TTS1 running	Previous TTS1 stops and ASR runs	Previous TTS1 stops and new TTS1 starts	TTS1 pauses and TTS2 starts	TTS1 stops	TTS1 stops	Don't care	Don't care
TTS2 running	TTS2 starts and ASR runs	Previous TTS2 finishs and then TTS1 starts	Previous TTS2 stops and new TTS2 starts	Don't care	Don't care	Don't care	Don't care
ASD	Don't care	Don't care	Don't care	Don't care	Don't care	Runs continuously	Don't care
VsUI	Don't care	Don't care	Don't care	Don't care	Don't care	Don't care	Runs continuously

6. 결 론

　본 책에서는 시각 및 청각 인지 능력을 이용한 멀티모달 융합 기법을 소개했다. 제시된 시스템은 불순한 의도를 가지고 특정 보안구역을 침입하고자 하는 사람을 자동으로 검지 및 추적하기 위한 지능형 감시 경계로봇을 위해 개발되었다. 이 시스템은 이종의 센서들로부터 개별적으로 획득된 정보를 이용하여 보다 더 신뢰적인 정보를 추출하기 위해, 이들을 융합하기 위한 방법을 소개했다. 우선은 각각의 독립적 모듈이 설계 및 구현되었고, 이러한 독립적 모듈의 연동 및 실행을 위해 독립적 모듈 구성이 가능하고 쉽게 통합 및 연동이 가능하며, 정보교환이 원활히 될 수 있는 구조적 인터페이스 모델이 설계 및 구현되었다.

　본 책에서는 시스템을 보다 안정적이고 융통적이게 만들기 위해 시각 및 청각 인지 기능에서 있어서 제기될 수 있는 몇 가지 문제를 해결했었다. 그러나 센서 자체의 고유한 특성과 한계로 인해 향후 지속적으로 풀어야 할 문제들을 많이 가지고 있다. 예를 들어, 밤에 움직이는 물체의 경우 기존의 영상카메라로는 쉽게 검지가 되지 않는다. 따라서 야간에 관측을 용이하게 만들기 위해서 적외선 카메라와 같은 센서를 사용해 일반 영상카메라가 검지할 수 없는 부분을 상호 보완해 나갈 수 있어야 할 것이다. 또한 이러한 이종센서 간의 융합문제를 위해 알고리즘적인 문제로 해상도, 관측 범위, 확대/축소 레벨 등 센서 간의 정합(matching or registration problem) 및 정렬(data alignment) 문제들이 제기될 수 있다. 이외에도, 조명의 변화에 의한 문제, 눈, 비, 바람, 천둥소리와 같은 자연 환경적 요소로 인해 발생할 수 있는 요인들은 센서가 정보를 획득하는 데 있어 많은 기술적 어려움을 부여하고 획득된 데이터의 신뢰성을 떨어트릴 수 있다.

따라서 제시된 시스템은 영상 인식, 화자 인증, 얼굴 인식 등과 같은 인식 및 인증 기술을 더 도입하여 시스템의 지능화를 높일 수 있을 것이다. 또한 감시 및 추적을 보다 안정적이고 신뢰적이게 만들기 위한 알고리즘 향상도 고려될 수 있을 것이다.

7. 참고 문헌

[1] X. Huang, A. Acero and H. Hon, *Spoken Language Processing*, Prentice Hall PTR, 2001.

[2] Virginio Cantoni, Stefano Levialdi, and Vito Roberto, *Artificial Vision: Image Description, Recognition and Communication*, Academic Press, 1997.

[3] Bernd Jahne, Horst HauBecker, and Peter CeiBler, *Handbook of Computer Vision and Applications,* Academic Press, 1999.

[4] Richard T. Antony, *Principles of Data Fusion Automation*, Artech House, 1995.

[5] Richard R. Brooks and S. S. Iyengar, *Multi-Sensor Fusion: Fundamentals and Applications with software,* Prentice Hall, 1998.

[6] Martin A. Fischler and Oscar Firschein, *Intelligence: The Eye, the Brain, and the Computer*, Addison-Wesley publishing company, 1987.

[7] Y. Bar-Shalom and X. R. Li, *Multitarget-multisensor tracking: principles and techniques,* YBS Press, 1995.

[8] Samuel Blackman, Robert Popoli, *Design and Analysis of Modern Tracking Systems*, Artech House, 1999.

[9] Sergios Theodoridis and Konstantinos Koutroumbas, *Pattern Recognition*, Academic Press, 1999.

[10] Bernard Widrow and Samuel D. Stearns, *Adaptive Signal Processing*, Prentice Hall, 1985.

[11] Simon Haykin, *Adaptive Filter Theory,* Prentice Hall international Editions, 1996.

[12] Simon Haykin, *Neural Networks: A Comprehensive Foundation,* Prentice-Hall, 1999.

[13] Simon Haykin, *Advances in Spectrum Analysis and Array Processing,* Prentice-Hall, 1991.

[14] Svaizer, P., Matassoni, M., and Omologo, M., "Acoustic source location in a three-dimensional space using crosspower spectrum phase", Acoustics, Speech, and Signal Processing, 1997. ICASSP-97., 1997 IEEE International Conference on Volume 1, pp231-234, 21-24 April 1997.

[15] Cadzow, J. A., "Multiple source location-the signal subspace approach", Acoustics, Speech, and Signal Processing, IEEE Transactions on Volume 38, Issue 7, pp.1110-1125, July 1990.

[16] Yuen, N. and Friedlander, B., "DOA estimation in multipath: an approach using fourth-order cumulants", Signal Processing, IEEE Transactions on Volume 45, Issue 5, pp.1253-1263, May 1997.

[17] Lleida, E., Rose, R. C., "Utterance verification in continuous speech recognition: decoding and training procedures", Speech and Audio Processing, IEEE Transactions on, Volume: 8, Issue: 2, March 2000.

[18] Wu, C.-H., Chen, Y.-J., Yan, G.-L., "Integration of phonetic and prosodic information for robust utterance verification", Vision, Image and Signal Processing, IEE Proceedings-, Volume: 147, Issue: 1, Feb. 2000.

[19] C. E. Mokbel and G. F. A. Chollet, "Automatic word recognition in cars", IEEE Trans. Speech and Audio Processing, vol 3, pp.346-356, Sept 1995.

[20] Chin—Teng Lin, Jiann—Yow Lin, and Gin—Der Wu, "A robust word boundary detection algorithm for variable noise—level environment in cars", IEEE Trans. Intelligent Transportation Systems, Vol 3, No. 1, March 2002.

[21] J. A. Haigh, and J. S. Mason, "Robust voice activity detection using cepstral features", Computer Communication, Control and Power engineering. Proceedings of the IEEE Region 10 Conference TENCON, vol. 3, pp.321—324, 1993.

[22] C. H. Knapp, G. C. Carter, "The Generalized Correlation Method for Estimation of Time Delay", IEEE Trans. On Acoustics, Speech and Signal Processing, vol. ASSP—24, n.4, August 1976.

[23] Sukkar, R. A., Chin—Hui Lee, "Vocabulary independent discriminative utterance verification for nonkeyword rejection in subword based speech recognition", Speech and Audio Processing, IEEE Transa—ctions on, Volume: 4, Issue: 6, Nov. 1996.

[24] Hui Jiang, Chin—Hui Lee, "A new approach to utterance verification based on neighborhood information in model space", Speech and Audio Processing, IEEE Transactions on, Volume: 11, Issue: 5, Sept. 2003.

[25] Rahim, M. G, Chin—Hui Lee, Biing—Hwang Juang, "Discriminative utterance verification for connected digits recognition", Speech and Audio Processing, IEEE Transactions on, Volume: 5, Issue: 3, May 1997.

[26] Lleida, E., Rose, R. C., "Utterance verification in continuous speech recognition: decoding and training procedures", Speech and Audio Processing, IEEE Transactions on, Volume: 8, Issue: 2, March 2000.

[27] Wu, C.—H., Chen, Y.—J., Yan, G.—L., "Integration of phonetic and

prosodic information for robust utterance verification", Vision, Image and Signal Processing, IEE Proceedings–, Volume: 147, Issue: 1, Feb. 2000.

[28] Liu Xin, BingXi Wang, "Utterance verification for spontaneous Mandarin speech keyword spotting", Info–tech and Info–net, 2001. Proceedings. ICII 2001 – Beijing. 2001 International Conferences on, Volume: 3, 29 Oct.–1 Nov. 2001.

[29] Sankar, A., Wu, S.–L., "Utterance verification based on statistics of phone–level confidence scores", Acoustics, Speech, and Signal Processing, 2003. Proceedings. (ICASSP '03). 2003 IEEE International Conference on, Volume: 1, 6–10 April 2003.

[30] Rahim, M. G., Chin–Hui Lee, Biing–Hwang Juang, "Robust utterance verification for connected digits recognition", Acoustics, Speech, and Signal Processing, 1995. ICASSP–95., 1995 International Conference on, Volume: 1, 9–12 May 1995.

[31] F. Wessel, R. Schluter, K. Macherey, and H. Ney, "Confidence measures for large vocabulary continuous speech recognition", IEEE Trans. Speech Audio Processing, vol. 9, Mar. 2001.

[32] F. Wessel, K. Macherey, and H. Ney, "A comparison of word graph and N–best list based confidence measures", in Proc. ICASSP–2000, 2000, pp.1587–1590.

[33] Bing Xiang, Berger, T. "Efficient text–independent speaker verification with structural Gaussian mixture models and neural network", Speech and Audio Processing, IEEE Transactions on, Volume: 11, Issue: 5, Sept. 2003, pp.447–456.

[34] Tomoko Matsui, Sadaoki Furui, "Likelihood normalization for speaker verification using a phoneme– and speaker–independent

model", Speech Communication 17(1995) 109-116.

[35] Hansang Park, B. A., M. A., "Temporal and spectral Characteristics of Korean Phonation Types", Doctor of philosophy degree thesis, The university of Taxas at Austin, August, 2002.

[36] Willian J. Hardcastle and John laver, "The Handbook of Phonetic Sciences", Blackwell publishers Ltd, 1997.

[37] Satoshi nakamura, Panikos Heracleous, "3-D N-best search for simultaneous recognition of distance-talking speech of multiple talkers", Proceedings of ICMI02, 2002.

[38] Takeshi yamada, et al., "Distance-Talking Speech Recognition Based on a 3-D Viterbi Search Using a Microphone Array", IEEE Trans on Speech and Audio Processing, Vol. 10, No 2, Feb. 2002.

[39] Pearson, J., et al., "Robust distant-talking speech recognition", Proceedings., IEEE International Conference on, Volume: 1, 7-10 May 1996.

[40] Yue Pan and Alex Waibel, "Minimum Kullback-Leibler Distance Based Multivariate Gaussian Feature Adaptation for Distance-Talking Speech Recognition", ICASSP 2004.

[41] Y. Cao, S. Sridharan, and M. Moody, "Multichannel speech separation by Eigendecomposition and its application to co-talker interference removal", IEEE Transactions on Speech and Audio Processing, vol. 5, no. 3, pp.209-219, May 1997.

[42] D. R. Campbell, and P. W. Shields, "Speech enhancement using sub-band adaptive Griffiths-Jim signal processing", Speech Communication 39, pp.97-110, 2003.

[43] B. Delaney, M. Hans, T. Simunic, A. Aquaviva, "A Low-Power, Fixed-Point Front-End Feature Extraction for a Distributed Speech

Recognition System", HP Technical Report, HPL-2001-252, 2001.

[44] Yifan Gong, Yu-Hung Kao, "Implementing a high accuracy speaker-independent continuous speech recognizer on a fixed-point DSP", ICASSP 2000 Proceedings, Volume: 6, 5-9 June 2000.

[45] Haritaoglu, I, Harwood, D, Davis, L. S, "Hydra: multiple people detection and tracking using silhouettes" Visual Surveillance, Second IEEE Workshop on, pp.6-13, June 1999.

[46] S. J. McKenna, S. jabri and Z. Duric, A. Rosenfeld, H. Wechsler "Tracking Groups of people", Computer Vision and Image Understanding, pp.42-56, 2000.

[47] Wenmiao Lu, Yap-Peng Tan, "A color histogram based people tracking system", Circuits and Systems, The 2001 IEEE International Symposium on, pp.137-140, May 2001.

[48] Romer Rosales and Stan Sclaroff, "3D Trajectory Recovery for Tracking Multiple Objects and Trajectory Guided Recognition of Actions", In Proc of IEEE on Computer Vision and Pattern Recognition, June 1999.

[49] Huwer, S.and Niemann, H., "Adaptive change detection for real-time surveillance applications", Visual Surveillance, IEEE International Workshop on, pp.37-46, July 2000.

[50] Rasmussen, C, Hager, G.D, "Joint probabilistic techniques for tracking multi-part objects", Computer Vision and Pattern Recognition, Proceedings. IEEE Computer Society Conference on, pp.16-21, June 1998.

[51] M. J. Swain and D. H. Ballard, "Colour indexing", International journal of Computer Vision, 7(1): 11-32, 1991.

[52] W. Li and E. Salari, "Successive elimination algorithm for motion estimation, "IEEE Trans. Image processing. Vol 4, pp.105−107, Jan. 1995.

[53] O. Stasse, Y. Kuniyoshi, G. Cheng, "Development of a Biologically inspired Real−Time Visual Attention System" , LNCS, Vol .1811, pp.150−159, May 2000.

[54] Hikosaka, O., Miyauchi, S. and Shimojo, S. "Focal visual attention produces illusory temporal order and motion sensation", Vision Research 33, pp.1219−1240, 1993.

[55] J. B. Allen, "Cochlear modeling", IEEE Acoustic., Speech, Signal Processing Mag., vol. 2, pp.3−29. 1985.

[56] O. Viikki and K. Laurila, "Cepstral domain segmental feature vector normalization for noise robust speech recognition", *Speech Communication*, Vol. 25, No. 1−3, pp.133−147, 1998.

[57] Heungkyu Lee, Ohil Kwon and Hanseok Ko, "Speech Interactive Agent System for Car Navigation Using Embedded ASR/TTS and DSR", 8th IEEE International Symposium on Consumer Electronics, pp.620−625, 2004.

[58] Heungkyu Lee and Hanseok Ko, "Decision Theoretic Fusion Framework for Actionability Using Data Mining on an Embedded System", LNAI, December 2004.

[59] Heungkyu Lee and Hanseok Ko, "Occlusion Activity Detection Algorithm Using Kalman Filter for Detecting Occluded Multiple Objects", LNCS, Vol.3514, May 2005.

[60] Heungkyu Lee and Hanseok Ko, "Voice Code Verification Algorithm Using Competing Models For User Entrance Authentication", LNAI, Vol. 3339, pp.610−622, December 2004.

[61] Vale, Z.A., et al., "Towards more intelligent and adaptive user interfaces for control center applications", IEEE Intelligent Systems Applications to Power Systems, 1996.

[62] Dlodlo, N. and Bamford, C., "Separating application functionality from the user interface in a distributed environment", Proceedings of the 22nd EUROMICRO Conference, pp.248-255, 1996.

[63] Cudd, P.A. and Oskouie, R., "Combining HCI techniques for better user interfacing", IEE Colloquium on Interfaces, pp.1-9, April 1996.

[64] Unterweger, D. and Brenner, E., "Architecture model for a user interface software tool supporting application independence", Computer-Human Interaction, pp.205-212, 1996.

♣ 저 자　이홍규

고려대학교 영상정보처리학과 박사

숭실대학교 컴퓨터학부 겸임교수

서경대학교 컴퓨터학과 겸임교수

미디어젠(주) 개발 이사

지능형 감시 로봇을 위한
멀티모달 센서 융합 기법

· 초판 인쇄　　2006 년 9 월 15 일
· 초판 발행　　2006 년 9 월 15 일
· 지 은 이　　이홍규
· 펴 낸 이　　채종준
· 펴 낸 곳　　한국학술정보㈜

경기도 파주시 교하읍 문발리

파주출판문화정보산업단지 526-2

전화　031)908-3181(대표) · 팩스　031)908-3189

홈페이지　http://www.kstudy.com

e-mail(출판사업부)　publish@kstudy.com

· 등　　록　　제일산-115 호(2000. 6. 19)
· 가　　격　　21,000원

ISBN　　89-534-5658-4 93530 (paper book)

89-534-5659-2 98530 (e-book)